FACHWISSEN FEUERWEHR

Werft

GRUNDLAGEN DES DREHLEITEREINSATZES

2. Auflage 2021

ecomed SICHERHEIT

Bibliografische Informationen der deutschen Nationalbibliothek

Die Deutsche Nationalbibliothek verzeichnet diese Publikation in der Deutschen Nationalbibliografie; detaillierte bibliografische Daten sind im Internet über <http://www.dnb.de> abrufbar.

Bei der Herstellung des Werkes haben wir uns zukunftsbewusst für umweltverträgliche und wiederverwertbare Materialien entschieden.
Der Inhalt ist auf chlorfrei gebleichtes Papier gedruckt.

Gendererklärung:
Aus Gründen der besseren Lesbarkeit wird in diesem Werk die Sprachform des generischen Maskulinums angewendet. Es wird darauf hingewiesen, dass die ausschließliche Verwendung der männlichen Form geschlechtsunabhängig zu sehen ist.

ISBN 978-3-609-68397-3

E-Mail: kundenservice@ecomed-storck.de

Telefon: 089/2183-7922
Telefax: 089/2183-7620

2. Auflage 2021

Titelbilder: Wolfgang Werft, Nürnberg

Druck: Westermann Druck, Zwickau

Vorwort

Die Anforderungen an die Angehörigen der Freiwilligen Feuerwehren, Berufsfeuerwehren, Werk- und Betriebsfeuerwehren haben sich im Laufe der Jahre erheblich verändert. Genügten früher die Kenntnisse der normalen Brandbekämpfung, müssen heute selbst kleine Feuerwehren die unterschiedlichsten Notlagen meistern, um in Not geratene Mitmenschen oder Tiere zu retten, Sachwerte zu erhalten und die Umwelt vor Schaden zu bewahren. Dies ist aber nur noch möglich, wenn für die Feuerwehrangehörigen eine umfassende und wirksame Aus- und Weiterbildung angeboten und auch durchgeführt wird.

Diese Forderung steht jedoch dem Problem gegenüber, dass diese Aus- und Weiterbildung von den meist freiwillig tätigen Angehörigen der Feuerwehren zusätzlich zu den immer weiter steigenden Anforderungen in deren Berufsleben geleistet werden muss.

Letztlich liegt es an jedem Feuerwehrangehörigen selbst, ob und in welchem Umfang er bereit ist, sich durch eine regelmäßige und aktive Teilnahme an der Aus- und Weiterbildung den gesteigerten Anforderungen der Feuerwehr zu stellen.

Das Ziel der Broschürenreihe „Fachwissen Feuerwehr“ besteht darin, die Feuerwehrangehörigen mit dem Wissen auszustatten, das in der heutigen Zeit erforderlich ist, um aufgabengerecht und wirkungsvoll tätig zu werden. Sie ist vorrangig für die Feuerwehrangehörigen vorgesehen, die erstmals in das Thema Feuerwehr „einsteigen“, und für diejenigen, die sich ein solides Basiswissen aneignen möchten.

Die Gliederung der Broschüren entspricht weitgehend der Gliederung der Feuerwehr-Dienstvorschrift FwDV 2 „Ausbildung der Freiwilligen Feuerwehren“ und den daraus abgeleiteten Lernzielkatalogen. Deshalb können diese Ausarbeitungen auch gut zur Lehrgangsvorbereitung und -begleitung genutzt werden. Das praktische Broschürenformat ermöglicht eine leichte Handhabung in der Praxis. Die Texte und Abbildungen sind in leicht verständlicher Weise dargestellt, wichtige Hinweise und Merksätze filtern die für die Praxis wichtigen Informationen heraus. Auf die Verwendung spezieller Formeln und wenig gebräuchlicher Begriffe und Einheiten wird weitgehend verzichtet. Die Angaben technischer Daten erfolgt ohne Gewähr. Die Funktionsbezeichnungen und personenbezogenen Begriffe gelten sowohl für weibliche als auch für männliche Feuerwehrangehörige.

Die Nutzung des sehr breiten Einsatzspektrums einer Drehleiter setzt sowohl die Kenntnis der Einsatzmöglichkeiten als auch die dabei zu beachtenden Einsatzgrundsätze voraus. Daher ist eine fortdauernde Aus- und Fortbildung der Maschinisten, aber auch der Führungskräfte wichtig, um die Drehleiter im Einsatz aufgabengerecht und sicher einsetzen zu können.

Die Maschinisten müssen die Bedienung einer Drehleiter, insbesondere in Einsatzsituationen mit hoher Stressbelastung, sicher beherrschen und deren Einsatzgrenzen kennen. Die Kenntnis über die Funktionen des Notbetriebs und deren Anwendung im Einsatz sind ebenfalls unabdingbare Voraussetzung für den Einsatz einer Einsatzkraft als Drehleiter-Maschinist.

Hinweis: In der vorliegenden 2. Auflage wurden neue Erkenntnisse sowie die Abstandswerte nach der „HAUS-Regel" bei Messung vom Bezugspunkt Drehkranzmitte (DKM) aus mit aufgenommen, da sich diese in den vergangenen Jahren bei einer Vielzahl von Feuerwehren etabliert haben. Weiterhin sollen auch die einsatztaktischen Besonderheiten von Drehleitern mit Gelenkarm erläutert werden, da diese ebenso in den vergangenen Jahren eine weite Verbreitung gefunden haben.

Nürnberg, November 2021 Wolfgang Werft

Inhalt

1 Einleitung

Drehleitern sind die am weitesten verbreiteten Hubrettungsfahrzeuge bei den Feuerwehren. Sie sind heute aus dem Einsatzalltag der Feuerwehr, d.h. bei der Rettung von Menschen, bei der Brandbekämpfung oder bei technischen Hilfeleistungen, kaum mehr wegzudenken. In Deutschland kommen überwiegend Drehleitern in vollautomatischer Ausführung und mit einem Rettungskorb an der Leiterspitze zur Anwendung. Diese Drehleitern weisen ein entsprechendes Einsatzspektrum auf, welches aufgrund der hohen Beschaffungskosten auch ausgenutzt werden sollte.

Hinweis: Grundsätzlich sind bei Ausbildung, bei Übungen und im Einsatz die in den Bedienungsanleitungen der Hersteller aufgeführten Vorgaben und Warnhinweise zu beachten und einzuhalten!

2 Drehleitertypen und Normbegriffe

2.1 Drehleitertypen

Die in Deutschland eingesetzten Drehleitern müssen der DIN EN 14043 oder DIN EN 14044 entsprechen. Die DIN EN 14043 regelt die Anforderungen an Drehleitern mit kombinierten Bewegungen (Automatikdrehleitern), mit welchen mehrere voneinander unabhängige Bewegungen gleichzeitig durchführbar sind.

Die DIN EN 14044 behandelt die Drehleitern mit sogenannten sequentiellen Bewegungen, bei welchen die Leiterbewegungen Aufrichten/Neigen, Drehen links/rechts und Ausfahren/Einfahren nur separat möglich sind. Bei den Fahrzeugen, die dieser Norm entsprechen, sind keine simultanen Bewegungen des Leitersatzes möglich.

Als genormte Drehleitern mit Rettungskorb gelten die DLAK 18/12, die DLAK 23/12 sowie die DLAK 12/9.

Die Abkürzung „**DLAK**" bedeutet **D**reh**L**eiter mit Rettungs**K**orb, die Abkürzung „**A**" weist auf die Ausführung als „**A**utomatik-Drehleiter" hin, welche

Abbildung 1: Drehleiter DLAK 23-12 im Einsatz (Quelle: Werft)

kombinierte Bewegungen gleichzeitig zulässt (z.B. Aufrichten/Neigen + Drehen links/rechts + Einfahren/Ausfahren Leitersatz). Die Zahlenwerte weisen auf die Nennrettungshöhe (erster Zahlenwert) und auf die hierbei erzielte Nennausladung des Hubrettungssatzes hin (zweiter Zahlenwert).

■ Drehleitern mit Gelenkarm

Als Weiterentwicklung der oben angeführten Drehleitertypen stieg in den vergangenen beiden Jahrzehnten zunehmend die Anzahl der eingesetzten DLAK 23-12 mit Gelenkarm am oberen Leiterteil. Damit lassen sich die Vorteile der klassischen Drehleiter (z.B. schnelle Rüst- und Rettungszeit) mit einigen Vorteilen der Teleskopmastfahrzeuge (z.B. Umfahren von Hindernissen mit dem Korb, tieferer Unterflurbetrieb möglich) kombinieren.

Drehleitern mit Gelenkarm bieten gegenüber den Standard-Drehleitern ohne Gelenkteil mehrere taktische Vorteile, z.B.:

- Der Rettungskorb kann nach Abstützen des Fahrzeuges vor dem Fahrerhaus abgelegt werden, um Anbaugeräte am Korb zu montieren oder Personen aus dem/in den Korb steigen zu lassen ⇨ großer Vorteil insbesondere in engen Altstadtstraßen/Gassen
- Hindernisse wie z.B. Dachfirste können durch Abknicken des ersten (oberen) Leiterelementes mit dem Rettungskorb umfahren werden ⇨ die Rückseiten von Satteldächern lassen sich so in begrenztem Maße erreichen
- Dachflächenfenster und Dachgauben von Satteldächern lassen sich durch Abknicken des ersten Leiterelementes bei einer Menschenrettung mit dem Rettungskorb leichter erreichen
- Das Benutzungsfeld der Drehleiter lässt sich insbesondere auch im Unterflurbereich durch Abknicken des ersten Leiterelementes erweitern (z.B. für Wasserrettungseinsätze an Kanälen, etc.)
- Anleiterziele in Innenstadt- bzw. Altstadtstraßen mit beengten Platzverhältnissen lassen sich durch Abknicken des ersten Leiterelements leichter erreichen (z.B. bei Anleitern von Rettungsöffnungen über das Fahrerhaus hinweg).

Abbildung 2:
Mit einem Leitersatz mit Gelenkarm lassen sich mit dem Rettungskorb auch weit zurückversetzte Dachgauben erreichen. (Quelle: Werft)

Abbildung 3:
Drehleitern mit einem Leitersatz mit Gelenkarm haben einen besonderen Vorteil in engen Straßen und Gassen, der Rettungskorb lässt sich vor dem Fahrerhaus absetzen. (Quelle: Werft)

2.2 Fachbegriffe gemäß DIN EN 14043

Nachfolgend werden einige wesentliche Normbegriffe nach DIN EN 14043 erläutert, die für die Einsatzpraxis, Übung und Ausbildung relevant sind.

Der **Hubrettungssatz** ist die Summe der beweglichen Baugruppen des Hubrettungsfahrzeuges, die auf einem Fahrgestell montiert sind. Bei Drehleitern gehören zu diesen Baugruppen das Drehgestell, die Lafette mit dem Leitersatz und bei DLAK der Rettungskorb, welcher abnehmbar sein kann. Die Abstützungen sind ebenfalls Bestandteil des Hubrettungssatzes.

Der **Leitersatz** ist ein Teil der Drehleiter, bestehend aus den ausschiebbar miteinander verbundenen Leiterteilen (auch als Leiterelemente bezeichnet).

Die **Ausgefahrene Länge des Leitersatzes** ist der Abstand in Meter zwischen den äußersten Punkten (Leiterbasis ↔ Leiterspitze) des ausgefahrenen Leitersatzes.

Der **Aufrichtwinkel** ist der Winkel in Grad zwischen der Längsachse des letzten, untersten, Leiterteils und der Waagerechten.

Abbildung 4:
Aufrichtwinkel und ausgefahrene Länge des Leitersatzes (Quelle: Werft)

Abbildung 5: Querneigungswinkel bei einer Drehleiter (Quelle: Werft)

Der **Querneigungswinkel** ist der Winkel in Grad zwischen der Waagerechten und der Standfläche des Hubrettungsfahrzeuges in Querrichtung zur Fahrzeuglängsachse.

Der **Längsneigungswinkel** ist der Winkel in Grad zwischen der Waagerechten und der Standfläche des Hubrettungsfahrzeuges in Längsrichtung des Fahrzeugs.

Die **Rettungshöhe** ist die lotrechte Höhe zwischen der waagerechten Standfläche und der Bodenoberseite des Korbes, gemessen in Meter ohne Belastung. Bei Drehleitern ohne Rettungskorb ist dies die Höhe der obersten Leitersprosse.

Abbildung 6: Längsneigungswinkel bei einer Drehleiter. (Quelle: Werft)

Abbildung 7:
Nennrettungshöhe bei Nennausladung einer DLAK 23/12. Die maximale Rettungshöhe wird bei einer kürzeren Ausladung als der Nennausladung erreicht. (Quelle: Werft)

Die **Maximale Rettungshöhe** beschreibt die Rettungshöhe bei maximal ausgefahrenem Leitersatz und maximalem Aufrichtwinkel (75°) gemessen in Metern. Dabei verringert sich die Ausladung unter den Wert der Nennausladung des Hubrettungsfahrzeugs.

Die **Nennrettungshöhe/Nennausladung** beschreibt die festgelegte Rettungshöhe bei entsprechender festgelegter horizontaler Ausladung (= Nennausladung), gemessen in Metern. Aus Nennrettungshöhe und Nennausladung ergibt sich die Auszugslänge des Leitersatzes bei diesen festgelegten Werten, die sogenannte Nennreichweite.

Die **Horizontale Ausladung** ist der Abstand zwischen der Fahrzeugaußenkante und dem Lot der Außenkante des Korbbodens, gemessen in Metern. Bei ausgefahrenen Abstützungen außerhalb der Fahrzeugkontur erfolgt die Messung zwischen der Außenkante der am weitesten ausgefahrenen Abstützung und dem Lot der Außenkante des Rettungskorbbodens.

Abbildung 8: Horizontale Ausladung einer Drehleiter (Quelle: Werft)

Die **Nennlast** ist die festgelegte Last, mit der der Rettungskorb vertikal innerhalb des jeweiligen Freistandsfeldes belastet werden darf.

Die **Restlast** ist die Kraft, die während des Betriebs der Drehleiter (innerhalb des Benutzungsfeldes bei beliebiger Last und Stellung der Leiter) auf der entlasteten Fahrzeugseite auf die Standfläche übertragen wird.

Das **Benutzungsfeld** ist der Bereich, in dem der Leitersatz der Drehleiter bewegt werden darf, ohne die Standsicherheit des Fahrzeugs zu gefährden. Die **Benutzungsgrenze** stellt die maximal mögliche Ausladung im Benutzungsfeld dar.

Das **Freistandsfeld** ist der Bereich innerhalb des Benutzungsfeldes, in dem die Leiterspitze im Freistand mit der für dieses Feld zulässigen Nutzlast belastet und bewegt werden darf, ohne die Standsicherheit des Fahrzeugs zu gefährden. Die **Freistandsgrenze** stellt dabei die jeweilige Grenze dar, bis zu welcher der Leitersatz mit der für dieses Feld zulässigen Nutzlast bewegt werden darf.

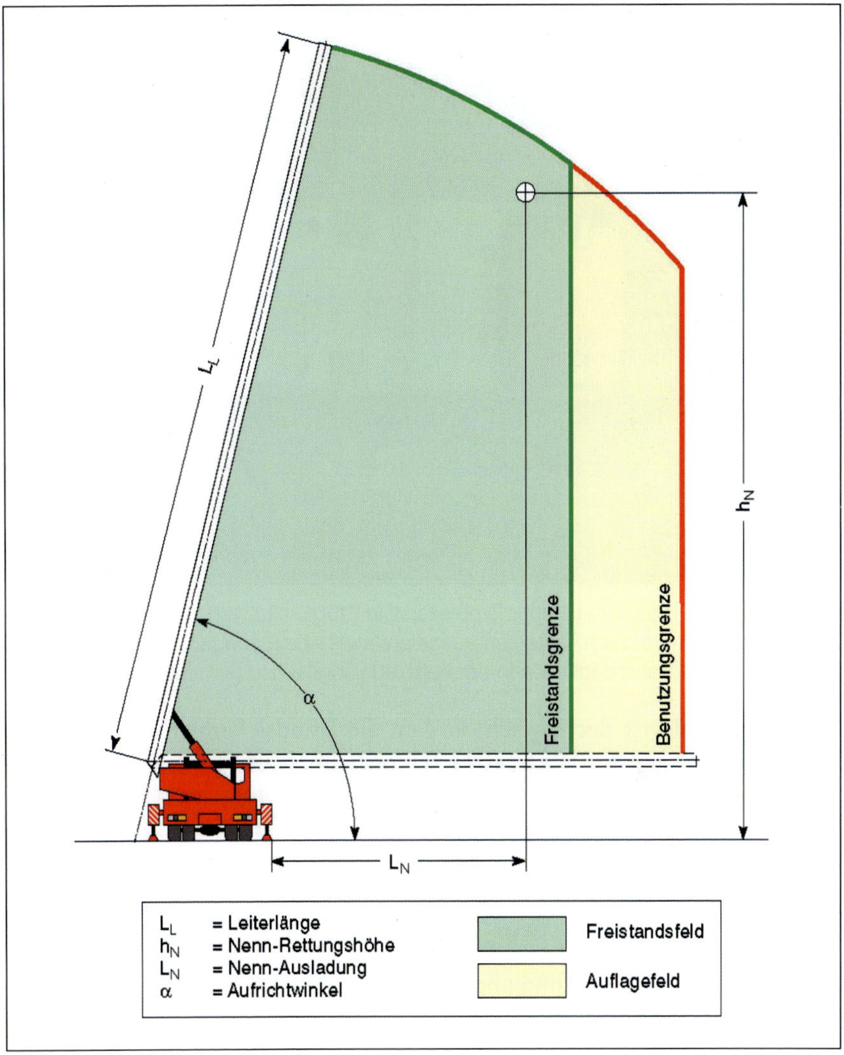

Abbildung 9: Freistandsgrenze, Freistandsfeld, Benutzungsgrenze, Benutzungsfeld und Abstützkraft bei einem Hubrettungsfahrzeug. (Quelle: Hans Kemper)

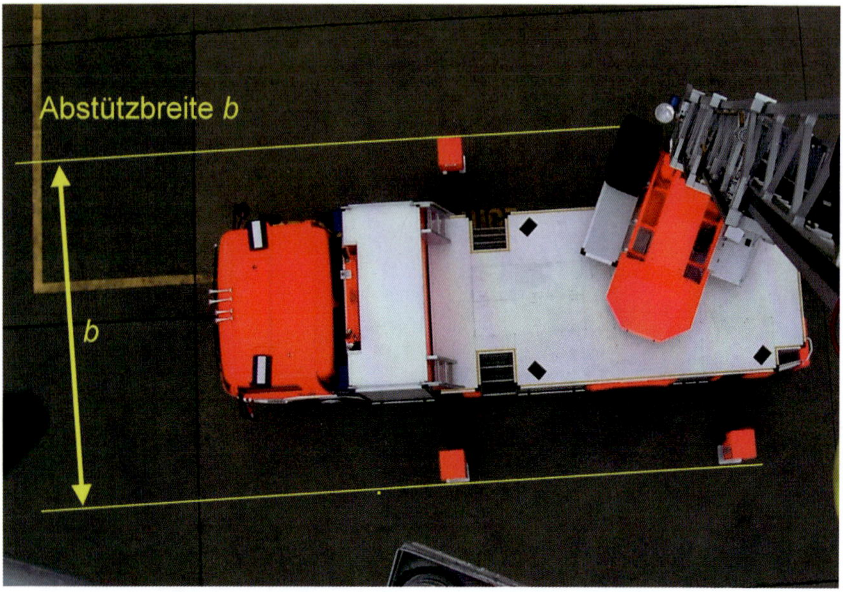

Abbildung 10: Stützbreite einer Drehleiter. Die Stützbreite wird zwischen den jeweils am weitesten ausgefahrenen Abstützungen auf den beiden Fahrzeugseiten in der Fahrzeuglängsachse gemessen. (Quelle: Werft)

Das **Auflagefeld** ist der Bereich, in dem die Standsicherheit des Fahrzeugs durch Bewegungen des Leitersatzes nicht gefährdet wird. Innerhalb des Auflagefeldes wird die Drehleiterspitze auf dem Objekt aufgelegt, bevor der Leitersatz belastet wird. Die **Auflagegrenze** stellt die Grenze des Auflagefeldes dar, bis zu der eine Bewegung des unbelasteten Leitersatzes mit oder ohne Rettungskorb innerhalb des Feldes zulässig ist.

Die **Stützbreite** ist der Abstand zwischen den Außenkanten der jeweils am weitesten ausgefahrenen und abgesenkten Stützen auf jeder Fahrzeugseite.

Die **Rüstzeit** ist die Zeit, die erforderlich ist, um den Hubrettungssatz aus der Fahrstellung heraus auf die maximale Rettungshöhe bei einem Drehwinkel von 90° zur Fahrzeuglängsachse aufzurichten und auszufahren.

Die **Leiterteile** sind Bestandteile des Leitersatzes, der das erste (obere) Leiterteil, das letzte (untere) Leiterteil (auf der Lafette befestigt) und die Zwischenteile (z.B. zweites Leiterteil, drittes Leiterteil, etc.) umfasst. Die Zwischenteile werden ausgehend vom ersten Leiterteil zum letzten Leiterteil gezählt.

Abbildung 11: Bezeichnung der Leiterteile einer Drehleiter (Quelle: Werft)

2.3 Selbstkontrolle – Testfragen

(Lösungen siehe Seite 112)

1. **Was ist der Leitersatz einer Drehleiter nach DIN EN 14043?**

a) Der horizontal ausfahrende Teil der Abstützungen.
b) Die oberste Leitersprosse, an der Lasten angehängt werden können.
c) Er besteht aus den ausschiebbar miteinander verbundenen Leiterteilen.

2. **Welche Aussagen zur „Maximalen Rettungshöhe“ sind richtig?**

a) Ist die Rettungshöhe bei Nennausladung.
b) Wird bei einem Aufrichtwinkel von 75° und max. Leiterlänge erreicht.
c) Wird bei max. Leiterlänge und einem Aufrichtwinkel von 70° erreicht.
d) Wird unterhalb der Nennausladung erreicht.

3 Bestandteile der Drehleitern

Nachfolgend sollen der Aufbau, die Bestandteile und die grundlegende Funktion von Drehleitern nur allgemein benannt bzw. beschrieben werden. Dabei wird der Umfang auf deren Relevanz für die Einsatzpraxis beschränkt.

Die spezifischen und notwendigen Informationen hinsichtlich der Leistungsfähigkeit und der technischen Möglichkeiten sowie der Einsatz- und Benutzungsgrenzen des Fahrzeuges am eigenen Standort sind der Bedienungsanleitung des jeweiligen Fahrzeuges zu entnehmen.

Hinweis: Ausschlaggebend für die technische Leistungsfähigkeit sowie der sich daraus ergebenden Einsatzmöglichkeiten der Drehleiter am Standort ist die Bedienungsanleitung mit den darin enthaltenen Informationen und Vorgaben.

Drehleitern bestehen grundsätzlich aus dem Fahrgestell mit dem Abstützsystem und den hydraulischen Komponenten sowie dem Hubrettungssatz, bestehend aus Drehgestell, Lafette und dem darauf befestigten Leitersatz. Weitere wesentliche Bestandteile bilden die Sicherheitseinrichtungen, welche als **Stand**- oder **Bewegungssicherheitseinrichtungen** den sicheren Betrieb der Drehleiter gewährleisten.

Die **Standsicherheitseinrichtungen** überwachen den Abstützvorgang und stellen einen ausreichenden Bodendruck aller vier Abstützungen sicher. Dies ist Voraussetzung für den sicheren Einsatz des Hubrettungssatzes.

Die **Bewegungssicherheitseinrichtungen** verhindern einen Betrieb des Hubrettungssatzes außerhalb der jeweils belastungsabhängig aktiven Freistandsgrenzen.

3.1 Fahrgestell

Das Fahrgestell einer Drehleiter enthält im Wesentlichen die Hydraulikpumpe mit Leitungen, Steuerventilen und Hydrauliköltank, die Abstützungen, die Federfeststellvorrichtung der Hinterachse und die Überwachungs- und

Sicherheitssysteme. Weiterhin nimmt der auf dem Fahrgestell montierte Aufbau die nach Norm vorgeschriebene feuerwehrtechnische Beladung und die Anbauteile der Drehleiter auf.

Das Hydrauliksystem zum Antrieb der Abstützungen und des Hubrettungssatzes besteht, neben Hydraulikleitungen und Steuerventilen, im Wesentlichen aus der über einen Nebenantrieb vom Fahrzeugmotor angetriebenen Hydraulikpumpe und dem Hydrauliköltank. Am Fahrzeugheck befinden sich beidseits die Steuerstände für die Abstützungen, die Federfeststellvorrichtung und für das Aufrichten des Korbes. Hier ist als eine wesentliche Sicherheitseinrichtung jeweils ein Not-Aus-Schalter integriert. Durch Betätigen dieses Not-Aus-Schlagschalters werden sämtliche Bewegungen des hydraulischen Systems am Unterwagen wie Federfeststellvorrichtung und Abstützungen gestoppt und bis zur Entriegelung des Schalters gesperrt. Weiterhin wird der Fahrzeugmotor abgeschaltet. Die Not-Aus-Schlagschalter an den Abstütz-Bedieneinheiten sind nur während des Abstützbetriebes aktiv und haben keinen Einfluss auf die Bewegungen des Leitersatzes. Weiterhin befindet sich am Bedienstand noch eine Kontrollleuchte für die Anzeige des Druckumbaus auf den Hubrettungssatz nach Abschluss des Abstützvorganges und Anliegen von ausreichendem Bodendruck an allen Abstützungen. Eine weitere Kontrollleuchte zeigt den Betriebszustand der Federfeststellvorrichtung an (eingefahren oder ausgefahren). Die Neigung der Standfläche kann mit der sogenannten Libelle, einem in einem flüssigkeitsgefüllten Glaskörper mit eingeschlossener Luftblase ermittelt werden (z.B. am Hauptbedienstand).

Abbildung 12:
Baugruppen einer Drehleiter am Beispiel einer Metz/Rosenbauer-Drehleiter. (Quelle: Werft)

3.1.1 Abstützung

Die Abstützung einer Drehleiter gewährleistet die Standsicherheit des Fahrzeugs. Hierbei kommen zwei unterschiedliche Systeme zum Einsatz: Stützbalkensystem (Magirus) und Waagrecht-Senkrecht-Abstützung (Metz/Rosenbauer).

Beim Stützbalkensystem werden die Stützbalken ausgefahren und abgesenkt, dabei wird die Hinterachse nur leicht angehoben und verbleibt mit einer festgelegten Restlast auf der Standfläche. Dadurch wird die Rutschgefahr auf geneigten Untergründen durch die Haftreibung der Reifen vermindert. Die maximale Abstützbreite liegt bei 5,20 m.

Bei der Waagrecht-Senkrecht-Abstützung heben die Abstützungen die hintere Fahrzeugachse komplett vom Boden an, wodurch auch das Gewicht der Fahrzeugachse als Gegengewicht für den ausfahrenden Hubrettungssatz zur Verfügung steht. Mit der Waagrecht-Senkrecht-Abstützung lassen sich Bodenunebenheiten und Gefälle der Standfläche durch weites Ausfahren der Abstützzylinder ausgleichen (siehe Abb. 13 b), außerdem ermöglicht dieses Abstützsystem durch Schrägstellung des Fahrzeuges einen tiefen Unterflureinsatz. Die maximale Abstützbreite liegt bei 4,85 m (Stand 03.2020).

Abbildungen 13 a und b:
Vario-Abstützung (Abb. 13 a links) und Waagerecht-Senkrecht-Abstützung (Abb. 13 b rechts). (Quelle: Werft)

3.1.2 Federfeststellvorrichtung

Die Federfeststellvorrichtung oder Hinterachsverriegelung arretiert die Hinterachse und verhindert unkontrollierte Bewegungen und damit Laständerungen durch das Gewicht der Achse.

3.2 Hubrettungssatz

Zum Bereich des Oberwagens einer Drehleiter gehört der Hubrettungssatz, bestehend aus dem Drehgestell mit Lafette, dem Leitersatz, dem Rettungskorb mit Korbsteuerstand und dem Hauptsteuerstand.

3.2.1 Leitersatz

Der Leitersatz besteht bei herkömmlichen Drehleitern des Typs DLAK 23-12 aus vier oder fünf (bei Drehleitern mit Gelenkarm) ineinander liegenden Leiterteilen. Der Leitersatz herkömmlicher Drehleitern besteht aus dem ersten Leiterteil (Oberleiter), dem 2. und 3. Leiterteil sowie dem letzten Leiterteil (Unterleiter), welches auf der Lafette montiert ist. An Spitze des ersten Leiterteils ist der abnehmbare Rettungskorb montiert.

Der Leitersatz ist an der Unterseite fest mit der sogenannten Lafette verbunden. Diese trägt den Leitersatz und verbindet ihn über eine Drehachse mit dem sogenannten Drehgestell, welches auf dem Fahrgestell befestigt ist. Zwischen dem Drehgestell und der Lafette mit Leitersatz befinden sich die beiden doppeltwirkenden Aufrichtzylinder, von denen jeder alleine den Leitersatz aufrichten kann (Redundanzforderung nach Norm). Ebenso erfolgt das Aus- bzw. Einfahren der Leiterteile über zwei identische Antriebe (Redundanz).

Innerhalb des Drehgestells ist eine Terrainausgleichseinrichtung installiert, welche eine Neigung des Leitersatzes gegenüber der Standfläche des Fahrzeugs innerhalb eines bestimmten Winkelbereiches (bis zu 10° nach allen Richtungen) ausgleicht. Der Übergang vom Drehgestell zum Podium wird als Drehkranz bezeichnet.

Bei neueren Fahrzeugen (ab ca. Baujahr 2010) befinden sich am Drehgestell Anschlagpunkte nach DIN EN 795, welche eine statische Tragfähigkeit von bis zu 500 kg aufweisen (je nach Hersteller). Sie können als Anschlagpunkte für Seilbremsen von Absturzsicherungssystemen (z.B. Gerätesatz Absturzsicherung nach DIN 14800-17) oder für Rücklaufsperren von Flaschenzugsystemen für die Einfache Rettung aus Höhen und Tiefen verwendet werden. Für diesen Einsatzzweck können auch die Lastösen an der Spitze des obersten Leiterteiles eingesetzt werden, die zum Anheben kleiner Lasten von bis zu maximal 600 kg (bei Abnahme des Rettungskorbes bei einer Drehleiter mit einem Rettungskorb für 5 Personen) ausgelegt sind.

3.2.2 Rettungskorb

Der Rettungskorb ist an der Spitze der Oberleiter montiert. Er verfügt über einen eigenen Antrieb, welcher von beiden Bedienständen des Hubrettungssatzes angesteuert wird.

Seit 2010 fordert die DIN 14043 Anschlagpunkte nach DIN EN 795 zum Halten in den Rettungskörben von Drehleitern mit einer statischen Tragfähigkeit von mind. 100 kg. Diese dienen der Selbstsicherung (sogenannte „Standplatzsicherung") von Einsatzkräften, die sich im Rettungskorb aufhalten. Sie sind mit gelber oder roter Farbe auffallend gekennzeichnet und dürfen nur statisch belastet werden (keine Sturzbelastung!).

Abbildung 14: Beispiel für Haltepunkte nach DIN EN 795 an einem Magirus-Rettungskorb (Quelle: Werft)

3.2.3 Steuerstände

Die Steuerung der Bewegungen des Hubrettungssatzes erfolgt mit den Steuerständen am Drehgestell (Drehleitermaschinist) oder im Rettungskorb. Beide Steuerstände sind gleichwertig ausgeführt, alle wesentlichen Leiterfunktionen können von beiden Steuerständen aus bedient werden. Der Steuerstand am Drehgestell ist als Hauptbedienstand jedoch bevorrechtigt.

Durch diese Vorrangschaltung kann der Drehleitermaschinist jederzeit die Steuerung des Hubrettungssatzes übernehmen, auch wenn diese zunächst mit dem Steuerstand im Korb erfolgte. Diese Funktion gewährleistet die Sicherheit der Korbbesatzung und des Fahrzeugs, da der Maschinist von seinem Hauptsteuerstand aus den Leitersatz in seiner gesamten Länge überblicken und damit auch ggf. Hindernisse besser erkennen kann.

Alle Leiterbewegungen lassen sich nur nach Betätigung eines sogenannten Totmann-Tasters, welcher an beiden Steuerständen in Form eines Fußtasters ausgeführt ist, einleiten. Bei Entlastung des Tasters stoppen unverzüglich alle Leiterbewegungen. An beiden Steuerständen sind Not-Aus-Schlagschalter montiert, *siehe auch Kap. 3.3*.

Am Hauptsteuerstand befinden sich zusätzlich noch die Bedienungseinrichtungen für den Notbetrieb des Hubrettungssatzes, bei Magirus-Drehleitern noch die Notbetriebseinrichtung für die Steuerung des Rettungskorbes innerhalb des Korbes.

3.3 Sicherheitseinrichtungen

Die Sicherheitseinrichtungen gewährleisten die Standsicherheit und sichern alle Bewegungen des Hubrettungssatzes ab.

Die **gegenseitige Sperrung von Nebenantrieb und Fahrgetriebe** verhindert ein Bewegen des Fahrzeugs bei Leiterbetrieb (ausgefahrene Abstützung und aufgerichteter Leitersatz) sowie die Zuschaltung des Nebenantriebs bei eingelegtem Gang (bzw. Fahrstufe bei Fahrzeugen mit Automatikgetrieben) und ungebremstem Fahrzeug.

Die **gegenseitige Sperrung von Abstützsystem und Leitersatz** verhindert das Einfahren der Abstützung bei aufgerichtetem und ausgefahrenem Leitersatz. Damit gekoppelt ist auch die Sperrung des Leiterbetriebes (Aufrichten, Drehen, Ausfahren) bis zum Erreichen von ausreichendem Bodendruck nach erfolgter Abstützung des Fahrzeugs.

Die Abstützungen leiten die beim Betrieb des Hubrettungssatzes auftretenden Kräfte in den Boden der Standfläche ein. Zum Ausgleich kleiner Bodenunebenheiten sind die Bodendruckplatten über Gelenke beweglich mit den Abstützungen verbunden, diese haben eine Beweglichkeit von bis zu 15° in alle Richtungen. Die Fläche der Stützteller ist so bemessen, dass ein maximaler Bodendruck von 80 N/cm^2 nicht überschritten wird. Dadurch wird einem Einsinken der Abstützung in die Standfläche und damit einem Verlust der Standsicherheit des Fahrzeugs entgegengewirkt. Die Abstützzylinder bzw. Stützbalken und die Unterlegklötze bilden eine elektrisch leitende Verbindung zwischen dem Fahrzeug und der Standfläche.

Der **Terrainausgleich** kompensiert seitliche Schrägstellungen des Hubrettungssatzes gegenüber der Standfläche von bis zu 10°. Bei Bewegen des Leitersatzes in eine unzulässige seitliche Schräglage, die vom Terrainausgleich nicht mehr ausgeglichen werden kann, erfolgt die Abschaltung der Leiterbewegung in diese Richtung.

Die im Leitersatz und am Rettungskorb installierten **Anstoßsicherungen** wirken nach allen Richtungen. Sie verhindern eine Beschädigung des Leitersatzes und eine Gefährdung der Einsatzkräfte durch frühzeitige Unterbrechung der Leiterbewegungen im Falle eines Anstoßes bzw. einer Kollision des Leitersatzes mit einem Hindernis.

Die **Antriebe für das Aufrichten/Neigen bzw. Ausfahren/Einfahren des Leitersatzes sind redundant** ausgelegt. Fällt eine Antriebseinheit aus, ist die zweite Antriebseinheit in der Lage, den Hubrettungssatz sicher in seiner jeweiligen Position zu halten. Das gilt auch für den Antrieb der Nivellierung des Rettungskorbes.

Durch Entlastung des als Fußtaster ausgeführten **Totmanntasters** an beiden Bedienständen werden alle eingeleiteten Bewegungen des Hubrettungssatzes unverzüglich und ohne Nachlauf gestoppt. Hierdurch werden unkontrollierte und ungewollte Bewegungen des Hubrettungssatzes (z.B. bei Verletzung der Korbbedienmannschaft oder des Leitermaschinisten) verhindert.

Bei Betätigung der **Not-Aus-Schalter** an den Steuerständen für den Abstützbetrieb sowie an Haupt- und Korbsteuerstand erfolgen die unverzügliche Unterbrechung der eingeleiteten Bewegungen und die Abstellung des Fahrzeugmotors.

Die **Notbetriebseinrichtung** stellt eine Redundanz zum Hauptantrieb dar und gewährleistet die Rücknahme des Hubrettungssatzes und des Abstützsystems in Transportstellung (Fahrstellung) bei Ausfall des Hauptantriebs.

Für alle Bewegungen des Leitersatzes mit Ausnahme der Drehbewegung links/rechts sind automatische Endbegrenzungsvorrichtungen vorhanden, die diese Bewegungen in beiden Richtungen bei Erreichen einer festgelegten Endstellung stoppen. Diese umfassen auch das Neigen und Drehen des Leitersatzes in Richtung der Fahrzeugkonturen und des Fahrerhauses.

Beim Ausfahren des Leitersatzes vom Hauptbedienstand aus stoppt die Ausfahrbewegung jeweils bei Erreichen der jeweiligen Freistandsgrenzen für die dort maximal zulässige Personenzuladung (z.B. 3-Personen-Freistandsgrenze). Sie können nach Betätigung eines Tasters jeweils bis zur nachfolgenden Freistandsgrenze überfahren werden.

Nach Überschreiten der 1-Personen-Freistandsgrenze kann der Leitersatz ohne Last bis an die Benutzungsgrenze ausgefahren werden. Hierbei ist keine Person mehr im Rettungskorb zulässig. Nach Erreichen der Benutzungsgrenze werden Ausfahr- und Neigebewegung gestoppt, es sind nur noch entlastende Bewegungen des Leitersatzes möglich (Einziehen und/oder Aufrichten).

Ein Belastungs-Messsystem ermittelt fortdauernd das derzeitige Lastmoment an Leitersatz bzw. Rettungskorb und veranlasst unter Berücksichtigung der Stützbreite bei Erreichen der jeweiligen Freistandsgrenzen die Abschaltung der Ausfahr- und Neigebewegungen. Anschließend sind nur noch freifahrende Leiterbewegungen möglich, die das Kippmoment verringern (Einfahren und/oder Aufrichten bzw. Drehen).

3.4 Selbstkontrolle und Testfragen

(Lösungen siehe Seite 112)

1. **Welche Aussagen zur Terrainausgleichseinrichtung sind richtig?**

a) Sie gleicht Neigungen der Standfläche gegenüber dem Fahrgestell aus.
b) Sie gleicht Neigungen der Standfläche gegenüber dem Leitersatz aus.
c) Sie ist innerhalb des Drehgestells des Hubrettungssatzes installiert.
d) Sie gewährleistet die permanente lotrechte Stellung des Rettungskorbes während der Leiterbewegungen.

2. **Wodurch lassen sich eingeleitete Leiterbewegungen sicher und unverzüglich stoppen?**

a) Durch die Entlastung des Totmanntasters an Korb- bzw. Hauptbedienstand.
b) Durch Abstellen des Fahrzeugmotors.
c) Durch Betätigung des Not-Aus-Schlagschalters an einem Bedienstand.
d) Durch die Übernahme der Steuerung durch den Maschinisten am Hauptbedienstand.

3. **Welche technischen Vorrichtungen gewährleisten den sicheren Leiterbetrieb einer Drehleiter?**

a) Redundante Auslegung der Antriebe des Hubrettungssatzes
b) Totmannfußtaster
c) Gegenseitige Sperrung von Leitersatz und Abstützsystem.
d) Notbetriebseinrichtung
e) Automatische Endbegrenzungsvorrichtungen.

4 Funktionsweise von Drehleitern – mechanisches Grundprinzip

Physikalische Grundlage des Einsatzes und der Standfestigkeit von Drehleitern ist u.a. das sogenannte Hebelgesetz. In der Mechanik ist ein Hebel ein starrer Körper, der sich um einen festen Punkt dreht und an dem in bestimmten Abständen vom Drehpunkt Kräfte wirken. Die Abstände zwischen Drehpunkt und Ansatzpunkt der Kräfte werden als Hebelarme bezeichnet. Die Kräfte wirken senkrecht auf die Hebelarme und erzeugen dadurch ein Drehmoment, welches den betreffenden Hebelarm in die Richtung der wirkenden Kraft dreht. Das Drehmoment ist ein Produkt aus der Größe der auf den Hebelarm wirkenden Kraft (z.B. in kN) und dem Abstand zwischen Drehpunkt und dem Auftreffpunkt der Wirkungslinie dieser Kraft am Hebelarm, genannt Hebelarmlänge (z.B. in m). Dieser Zusammenhang lässt sich auch in einer Formel darstellen:

Drehmoment = Kraft x Hebelarm
M = F x l
[Nm] = [N] x [m]

In der Mechanik gibt es einseitige (einarmige) und zweiseitige (zweiarmige) Hebel, für das Verständnis der Funktion und der Standfestigkeit einer Drehleiter ist insbesondere der zweiseitige (zweiarmige) Hebel relevant. Daher soll an dieser Stelle näher darauf eingegangen werden.

Für die Funktion von zweiseitigen Hebeln und die Wirkung von Kräften an den Hebelarmen gelten folgende Gesetzmäßigkeiten:

- Die Kräfte greifen an beiden Seiten des in der Mitte befindlichen Drehpunktes an
- Die beidseits des Drehpunktes an den beiden Hebelarmen angreifenden Kräfte erzeugen ein Drehmoment in beide Richtungen (linksdrehend/rechtsdrehend)
- Es können auch mehrere Kräfte auf jeder Seite in die entsprechende Richtung wirken (linksdrehend/rechtsdrehend)

- Die Summe der rechtsdrehenden Momente ist gleich der Summe der linksdrehenden Momente ⇨ **Gleichgewicht der Kräfte**

Last x Lastarm = Kraft x Kraftarm

$$F_1 \times l_1 = F_2 \times l_2$$

$$[N] \times [m] = [N] \times [m]$$

linksdrehende Momente = rechtsdrehende Momente

Übertragen auf die Verhältnisse bei Hubrettungsfahrzeugen wie z.B. Drehleitern bedeutet das Folgendes:

- Im Prinzip stellt der ausgefahrene (und z.B. um 90° zur Fahrzeuglängsachse gedrehte) Leitersatz einen zweiarmigen Hebel dar
- Der Drehpunkt des Hebels sind die beiden belasteten Abstützungen (genauer die Außenkanten der Bodendruckplatten der beiden Stützen) auf der einsatzstellenzugewandten (belasteten) Fahrzeugseite
- Als Lastmoment wirkt die Gewichtskraft der Personen im Rettungskorb auf der einsatzstellenzugewandten Seite des Hebelarmes (Leitersatz) zuzüglich der Gewichtskraft des Leitersatzes incl. Rettungskorb in seinem Schwerpunkt
- Als Standmoment wirkt die Gewichtskraft des gesamten Fahrzeuges (Fahrgestell, Drehgestell, etc.) in seinem Schwerpunkt auf der einsatzstellenabgewandten Seite des Drehpunktes (Abstützungen).

Um die Standsicherheit der Drehleiter zu gewährleisten und ein Umstürzen des Fahrzeuges zu verhindern, muss nun folgende Bedingung gewährleistet sein:

Das Standmoment (die Summe der Einzelmomente auf der einsatzstellenabgewandten Seite des Drehpunktes) muss mindestens gleich groß oder größer sein als das Lastmoment (Summe der Drehmomente auf der einsatzstellenzugewandten Seite des Drehpunktes = Fahrzeugseite mit ausgefahrenem Leitersatz).

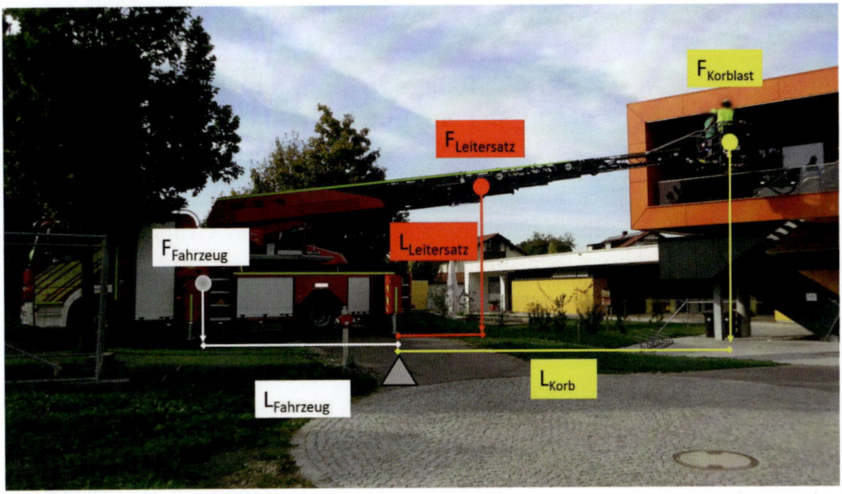

Abbildung 15: Schematische Darstellung des zweiseitigen Hebels am Beispiel der Drehleiter vom vorstehenden Bild. Die weißen Beschriftungen (Kraft „F“ und Länge „L“ des Hebelarmes) bezeichnen das Standmoment, die Summe der roten und gelben Beschriftungen (Kräfte „F“ und Länge „L“ der Hebelarme) die der Lastmomente. (Grafik: Werft)

Ist das Standmoment gleich oder größer als die Summe der Lastmomente auf der entgegengesetzten Seite, steht die Drehleiter sicher und stabil. Würde die Summe der Lastmomente größer werden als die der Standmomente, würde die Drehleiter umkippen. Dies wird im Normalbetrieb durch die Sicherheitseinrichtungen der Drehleiter verhindert.

Hinweis: Beim Betriebszustand „Notbetrieb“ besteht allerdings die Gefahr, dass durch eine unzulässige Ausladungsvergrößerung die Summe der Lastmomente durch eine Vergrößerung der Ausladung das Standmoment übersteigt. Da im Betriebsmodus „Notbetrieb“ die Sicherheitseinrichtungen der Drehleiter außer Funktion sind, wird die Vergrößerung der Ausladung durch diese nicht begrenzt. Es besteht die Gefahr des Umkippens des Fahrzeuges.

Zusammengefasst bedeutet das:

$M_{Last} < M_{Stand}$ ⇨ Fahrzeug steht stabil
$M_{Last} = M_{Stand}$ ⇨ Fahrzeug steht stabil
$M_{Last} > M_{Stand}$ ⇨ Fahrzeug kippt um

Das vorstehend genannte Hebelgesetz als mechanisches Grundprinzip beim Einsatz von Drehleitern begründet auch die Tatsache, dass im Bereich von 15° beidseits der Fahrzeuglängsachse über das Fahrerhaus und über das Heck stets das maximale Benutzungsfeld bei der maximal möglichen Korbzuladung freigegeben ist – auch bei beidseitiger Minimalabstützung der Abstützungen vorne und hinten.

Beim Ausfahren des über das Fahrzeugheck gedrehten Leitersatzes ist das Standmoment der Drehleiter (Produkt aus Fahrzeugmasse und wirksamem Hebelarm) größer als das Standmoment der Drehleiter bei Ausfahren des Leitersatzes um 90° zur Fahrzeuglängsachse. Das liegt daran, dass beim Drehen des Hubrettungssatzes über das Fahrzeugheck und Ausfahren des Leitersatzes in der Verlängerung der Fahrzeuglängsachse die Masse des Fahrgestells der Drehleiter an einem längeren wirksamen Hebelarm wirkt als bei einer 90°-Stellung des Hubrettungssatzes. Hier wirkt die halbe Fahrzeugbreite zuzüglich der Abstützbreite auf dieser Fahrzeugseite als wirksamer Hebelarm für das Standmoment (wenn davon ausgegangen wird, dass die Masse des Fahrzeuges im Schwerpunkt des Fahrgestells in der Mitte = Fahrzeuglängsachse wirkt). Am Beispiel einer Metz/Rosenbauer-Drehleiter ergibt sich dabei ein wirksamer Hebelweg von ca. 2,43 m (halbe Fahrzeugbreite von ca. 1,25 m zuzüglich ca. 1,18 m Ausfahrlänge der belasteten Abstützung).

Anders beim Ausfahren des Leitersatzes über das Fahrzeugheck. Nachdem auch hierbei die Masse des Fahrgestells in ihrem Schwerpunkt ungefähr in der Fahrzeugmitte (halbe Fahrzeuglänge) wirkt, ist der wirksame Hebelweg zwischen dem Angriffspunkt der Masse am Hebelarm und dem Drehpunkt (die Bodendruckplatten der beiden hinteren Abstützungen) länger. Damit wird auch das Produkt aus wirksamer Hebelarmlänge „l“ und der am Ende des Hebelarmes wirkenden Gewichtskraft des Fahrzeuges „F“ größer. Durch den hierbei längeren Hebelarm vergrößert sich die maximal mögliche Ausladung des Leitersatzes über das Fahrzeugheck bei gleicher Korbzuladung im Vergleich zur Ausladung in einem Winkel von 90° zur Fahrzeuglängsachse.

4.1 Selbstkontrolle und Testfragen

(Lösungen siehe Seite 112)

1. Welche Art von Hebel kommt beim Abstützen und beim Einsatz der Drehleiter zum Tragen?

a) Einarmiger Hebel
b) Zweiseitiger Hebel
c) Winkelhebel
d) Hebelarm

2. Wo befindet sich bei der Drehleiter bei einem um 90° zur Fahrzeuglängsachse gedrehten Leitersatz der Drehpunkt?

a) Am Fahrzeugreifen
b) An den äußeren Kanten der Bodendruckplatten der unbelasteten Abstützungen
c) An den äußeren Kanten der Bodendruckplatten der belasteten Abstützunge
d) An den äußeren Kanten der Bodendruckplatten aller Abstützungen

3. Welche Drehmomente wirken auf den Hebel bei der Drehleiter?

a) Lastmoment und Standmoment
b) Drehmoment und Lastmoment
c) Lastmoment und Kippmoment
d) Standmoment und Kippmoment

4. Wann steht eine Drehleiter stabil auf der Grundfläche?

a) Wenn Lastmoment und Standmoment gleich groß sind
b) Wenn das Lastmoment größer ist als das Standmoment
c) Wenn das Standmoment größer ist als das Lastmoment
d) Wenn das Lastmoment größer ist als das Drehmoment

5 Einsatzgrundsätze

Die allgemeinen Einsatzgrundsätze umfassen sowohl Faktoren, die für die Positionierung der Drehleiter bestimmend sind als auch Handlungsgrundsätze, die beim Betrieb von Drehleitern bei Übung und Einsatz eingehalten werden müssen. Sie sollen einen sicheren Betrieb des Hubrettungsfahrzeuges sicherstellen. Die Wahl des Standplatzes einer Drehleiter im Einsatz ist von einer Vielzahl von Faktoren abhängig, die im Einsatzfall ggf. in kürzester Zeit von Einsatzleiter, Fahrzeugführer und Maschinist überprüft bzw. berücksichtigt werden müssen. Einerseits müssen die von den Drehleiterherstellern vorgegebenen technischen Benutzungsgrenzen eingehalten werden, wofür die Vorgaben der Hersteller in den Bedienungsanleitungen maßgebend sind. Andererseits müssen am Einsatzort oftmals eine schnelle Sichtung, Gewichtung und Abwägung der Umgebungsbedingungen, die die Aufstellung der Drehleiter beeinflussen, vorgenommen werden. Hierfür kann die sogenannte „HAUS-Regel“[1] hilfreich sein, welche die Einsatzkräfte bei dieser durchzuführenden Bewertung des Standplatzes an der Einsatzstelle unterstützen kann. Anhand dieser Merkregel sollen die allgemeinen Aspekte der Fahrzeugpositionierung und möglichen Gefahren beim Drehleitereinsatz dargestellt werden.

5.1 Standfläche

Bei der Fahrzeugaufstellung kommt der Standfläche eine wesentliche Bedeutung zu. Die Qualität und damit die Sicherheit der Standfläche hängen von der verfügbaren Flächengröße, der Neigung (alle Richtungen), der Bodenstabilität und der Oberflächenbeschaffenheit ab. Bei der Auswahl der Standfläche sind die Abmessungen der Drehleiter bei komplett ausgefahrenen Abstützungen zu berücksichtigen. Innerhalb dieser Fläche muss der Untergrund einen Bodendruck von bis zu 80N/cm^2 aufnehmen können.

5.1.1 Neigung der Standfläche

Die Neigung der Standfläche hat entscheidende Auswirkungen auf das horizontale und vertikale Benutzungsfeld der Drehleiter. Die Überschreitung von

[1] Siehe hierzu auch: HAUS-Regel; Unger, Beneke; Version VIII vom 15.03.2020

bestimmten herstellerspezifischen Grenzwerten führt zu Einschränkungen im Leiterbetrieb bzw. macht diesen unmöglich. Durch den automatischen Terrainausgleich werden Längs- und Querneigungen der Standfläche von bis zu 10° ausgeglichen. Werden diese Werte um jeweils 3° überschritten, erfolgt die Abschaltung der Drehbewegung des Hubrettungssatzes. Dann sind nur Bewegungen möglich, die die Neigung des Leitersatzes verringern.

Um auf schrägen Standflächen eine ausreichende Standsicherheit zu erreichen, müssen zunächst einmal generell die auf der Drehleiter vorhandenen Radkeile unter die Räder der auf dem Boden verbleibenden Achse(n) gelegt werden.

Abbildung 16: Beispiel für eine Aufstellfläche mit Längsneigung. Radkeile unter den Vorderrädern. (Quelle: Werft)

5.1.2 Verkehrsabsicherung

Die Absicherung der Einsatzstelle gegen den fließenden Verkehr geht allen anderen Maßnahmen an der Einsatzstelle voraus. Diese hat oberste Priorität vor allen anderen Maßnahmen, da der fließende Verkehr an der Einsatzstelle eine der größten und schwerwiegendsten Gefahren beim Einsatz von Hubrettungsfahrzeugen darstellt. Die schnelle Durchführung einer Verkehrsabsicherung an der Einsatzstelle ist eine wichtige Voraussetzung für die Sicherheit von Einsatzkräften und ggf. zu rettenden Personen sowie zur Verhinderung einer Beschädigung des Fahrzeuges.

Hinweis: Der fließende Verkehr an der Einsatzstelle stellt eine erhebliche Gefahr beim Einsatz von Drehleitern dar. Daher muss schnell eine Absicherung gegen diese Gefahr mit geeigneten Mitteln erfolgen.

Bei der Absicherung der Einsatzstelle sind die von der UVV vorgeschriebenen Abstände zwischen den Sicherungsmitteln und der Einsatzstelle einzuhalten (siehe hierzu auch DGUV Information 205-010 „Sicherheit im Feuerwehrdienst", ehem. GUV-I 8651).

Bei Vorliegen eines zeitkritischen Einsatzes, wie beispielsweise einer Menschenrettung im Rahmen eines Brandeinsatzes, muss ggf. eine Vollsperrung der Fahrbahn(en) erfolgen.

Abbildung 17: Absicherung der Drehleiter vor Beginn der Arbeiten bzw. Abarbeitung des Einsatzes. (Quelle: Werft)

Hinweis: Bei innerörtlichen zeitkritischen Einsätzen im Rahmen einer Menschenrettung ist eine Vollsperrung der Straße durchzuführen.

Bei der Verkehrsabsicherung bzw. der Sperrung einer Fahrspur für die Aufstellung der Drehleiter ist der Überstand des Drehgestells über die Fahrzeugkontur auf der einsatzstellenabgewandten Fahrzeugseite bei der Durchführung der Verkehrsabsicherung zu berücksichtigen. Dieses ragt bei Drehung des Leitersatzes um 90° zur Fahrtrichtung bis zu 1,5 m über das Fahrgestell hinaus.

5.2 Abstützung

Um das vollständige Benutzungsfeld der Drehleiter im gesamten Drehbereich des Hubrettungssatzes zwischen 0° und 360° nutzen zu können, müssen alle Abstützungen auf beiden Fahrzeugseiten – soweit möglich – auf ihre volle Länge ausgefahren werden. Wenn die Ausfahrlänge durch Hindernisse eingeschränkt ist, sind die Abstützungen so weit wie möglich bis an das Hindernis heran auszufahren. Durch die stufenlose Messung der Ausfahrlänge der Abstützungen ergibt jeder zusätzliche Zentimeter an Ausschublänge eine Vergrößerung des Benutzungsfeldes des Leitersatzes.

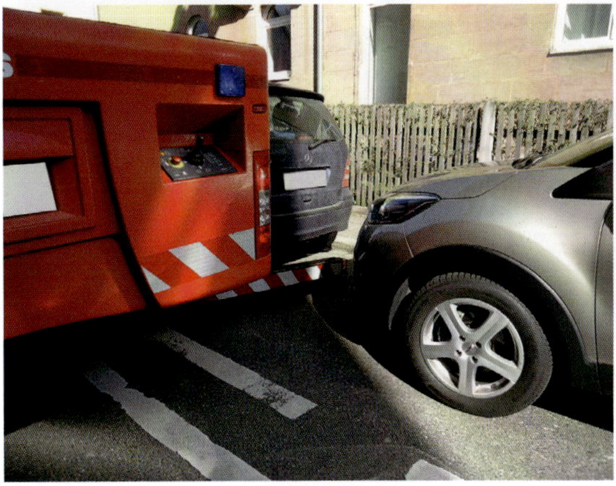

Abbildung 18: Die Abstützungen auf der belasteten (dem Einsatzobjekt zugewandten) Fahrzeugseite sind unter Berücksichtigung der vorhandenen Hindernisse so weit wie möglich auszufahren. (Quelle: Werft)

Auf der der Einsatzstelle zugewandten Fahrzeugseite ist generell die maximale Ausfahrlänge der Abstützungen anzustreben. Um dies auch an Einsatzstellen mit beengten Straßenverhältnissen umsetzen zu können, muss die Drehleiter u.U. nahe dem der Einsatzstelle gegenüberliegenden Straßenrand platziert werden. Auf dieser Fahrzeugseite ist dann die Minimalabstützung (Fahrzeugkonturabstützung) durchzuführen. Hierbei ist allerdings auch der sich ggf. ergebende Überstand des Drehgestells über ggf. vorhandene Hindernisse am Straßenrand (z.B. geparkte Kleinlastwagen, Mauern, Kleinbusse, Laternenmasten, etc.) auf der der Einsatzstelle abgewandten Fahrzeugseite zu beachten. Gleiches gilt auch für befestigte Feuerwehrzufahrten, auch hier muss das Fahrzeug so auf der Zufahrt/Aufstellfläche positioniert werden, dass die Abstützungen auf der belasteten Fahrzeugseite (zum Einsatzobjekt hin) möglichst auf ihre maximale Länge ausgefahren werden können. Hierzu sind (gemessen ab der Drehkranzmitte) mindestens 2,60 m bis Vorderkante Abstützung erforderlich. Dieser Bereich muss auch entsprechend den Anforderungen an eine Feuerwehr-Zufahrt befestigt sein.

Abbildung 19: Positionierung der Drehleiter auf einer befestigten Aufstellfläche, Abstützung auf der einsatzstellenzugekehrten Fahrzeugseite voll ausgefahren, notwendiger Abstand Drehkranzmitte ↔ Rand der befestigten Aufstellfläche mindestens 2,60 m. (Quelle: Werft)

Lassen Hindernisse auf der dem Einsatzobjekt abgewandten Fahrzeugseite ein Drehen des Hubrettungssatzes zum Anleiterziel hin nicht zu, muss das Fahrzeug dennoch näher zum Einsatzobjekt hin positioniert werden, um dem Hindernis auszuweichen. Da die Norm das Erreichen der Nennrettungshöhe bei Nennausladung und mit einer Mindestlast von 90 kg im Rettungskorb auch bei Minimalabstützung fordert, kann die Einschränkung der Abstützbreite in solchen Sonderfällen toleriert werden (*siehe auch Kapitel 6.2.4*).

5.3 Drehleitereinsatz bei starkem Wind

Starker Wind bzw. Windböen schränken den Einsatz von Drehleitern ein oder können im Extremfall diesen sogar ganz verhindern. Bei Überschreitung von durch die Hersteller festgelegten Windstärken wird die Standsicherheit von Drehleitern durch den auf den Leitersatz und den Rettungskorb wirkenden Winddruck gefährdet. Der einwirkende Winddruck erhöht bei entsprechender Windrichtung das auf den Leitersatz einwirkende Lastmoment, wodurch das Fahrzeug näher an das Kippmoment geraten kann. Eine weitere Gefahr ist die mechanische Überlastung des Leitersatzes durch windbedingte Schwingungen und Verwindungen in der Längsachse des Leitersatzes. Bei der Abschätzung der Windverhältnisse ist zu beachten, dass die Windstärke an der Einsatzstelle erheblich variieren kann. So können beispielsweise die umliegende Bebauung, die topographischen Verhältnisse an der Einsatzstelle (z.B. Hügel), die umgebende Vegetation (z.B. Bäume) sowie Ausziehlänge und Aufrichtwinkel des Leitersatzes Einfluss auf Windstärke und -richtung haben.

Umliegende Bebauung und Vegetation können die Drehleiter von den vorherrschenden Windströmungen teilweise oder ganz abschirmen. Gleiches gilt für Geländeerhebungen. Gebäude können einen Abschirmeffekt oder Auswirkungen auf die Windrichtung haben. Oberhalb dieser Abschirmungen können Windrichtung und -stärke erheblich von den bestehenden Verhältnissen im Bodenbereich abweichen. Diese Faktoren müssen bei der Einsatzplanung berücksichtigt werden. Hilfestellung bei der Beurteilung der Windverhältnisse kann z.B. die Beobachtung von Baumwipfeln und -ästen oder von Antennen geben.

Bis zu einer Windgeschwindigkeit von 12,5 m/s (entspricht ca. 45 km/h oder ca. 6 Beaufort)[1] ergeben sich keinerlei Einschränkungen beim Leiterbetrieb (Normforderung).

Bei Windgeschwindigkeiten von mehr als 12,5 m/s sind zum Schutz der Einsatzkräfte und der Drehleiter gegen Beschädigungen folgende Sicherheitsmaßnahmen einzuleiten:

- **Reduzierung der Ausziehlänge (Reichweite) des Leitersatzes**
- Ausfahren der Abstützungen auf beiden Fahrzeugseiten auf maximale Länge
- Aufstellung der Drehleiter auf möglichst gerader Standfläche mit einer Neigung von < 7°

Generell sind hierzu die Vorgaben der Hersteller in den jeweiligen Bedienungsanleitungen zu beachten!

Bei solchen Witterungsverhältnissen sollte auch abgewogen werden, ob der entsprechende Einsatz tatsächlich zeitkritisch ist oder ggf. verschoben werden kann und die Einsatzstelle zwischenzeitlich anderweitig abgesichert werden kann.

Hinweis: Bei starkem Wind (Windgeschwindigkeiten von mehr als 12,5 m/s) ist zu prüfen, ob anstelle eines Drehleitereinsatzes auch eine Ersatzmaßnahme vorgenommen werden kann. Dies können beispielsweise auch die Sperrung bzw. Absicherung einer Gefahrenstelle sein.

Ein Einsatz der Drehleiter zur Menschenrettung im Rahmen eines Brandeinsatzes wird in der Regel immer zeitkritisch sein, die Windverhältnisse können nur in geringem Maße oder überhaupt nicht berücksichtigt werden. In einem solchen Fall kann die Verweildauer des Leitersatzes in kritischen Bereichen hinsichtlich Ausziehlänge und Aufrichtwinkel auf das erforderliche Mindestmaß begrenzt werden, z.B. durch die Rücknahme des Leitersatzes nach Abschluss der Menschenrettung. Durch eine folgende Anleiterbereitschaft der Drehleiter mit Ausrichtung des Leitersatzes auf das Einsatzobjekt hin sind weitere Personenrettungen oder Brandbekämpfungsmaßnahmen ohne Zeitverzug möglich.

[1] Siehe hierzu auch Aufzählung der Kriterien nach Angaben des Deutschen Wetterdienstes – DWD

5.4 Einsatzgrundsätze beim Löscheinsatz

Bei Einsatz eines Wenderohres, eines Schaumrohres über den Wasserwerfer, eines Schaumgenerators oder eines handgeführten C-Strahlrohres aus dem Rettungskorb heraus wird der Leitersatz zusätzlich durch das Gewicht der auf dem Leitersatz verlegten Schlauchleitung (B-Schlauch oder C-Schlauch) belastet.

Eine auf dem Leitersatz verlegte B-Schlauchleitung (35 m-B-Schlauch) einschließlich des Gewichtes der Zugentlastung lastet mit einer Masse von bis zu 200 kg auf dem Leitersatz. Dieses Lastmoment reduziert die maximal mögliche Ausladung. Außerdem wirken die Reaktionskräfte des Löschwasserstrahles auf den gesamten Hubrettungssatz ein.

Bei Wasserabgabe über das Wenderohr müssen daher Ausfahrlänge und Aufrichtwinkel des Leitersatzes reduziert werden. Hierbei sind die Vorgaben des Herstellers (Bedienungsanleitung) für das jeweilige Fahrzeug in der entsprechenden Ausstattungskonfiguration zu beachten.

Bei Einsatz von handgeführten C-Strahlrohren muss der seitliche Einsatzbereich auf 30° beidseits des Rettungskorbes begrenzt und müssen die Sicherheitsabstände (Strahlrohrabstände) nach VDE 0132 beachtet werden!

Tabelle 1: Strahlrohrabstände nach DIN VDE 0132 für genormtes C-Mehrzweckstrahlrohr mit aufgesetztem Mundstück bei einem Durchfluss von 100 l/min und einem Eingangsdruck von 5 bar.

Spannungsgröße	Spannungsart	Strahlform	Mindestabstand in Meter
Bis 1.000 V ~ / 1.500 V =	Niederspannung	Sprühstrahl	1 m
Bis 1.000 V ~ / 1.500 V =	Niederspannung	Vollstrahl	5 m
>1.000 V ~ / 1.500 V =	Hochspannung	Sprühstrahl	5 m
>1.000 V ~ / 1.500 V =	Hochspannung	Vollstrahl	10 m

(Quelle: Werft)

Bei Einsatz des Wenderohrs im Gefahrenbereich elektrischer Anlagen ist der Sicherheitsabstand entsprechend zu vergrößern.

Sicherheitsmaßnahmen bei Wenderohreinsatz:

- Ausziehlänge des Leitersatzes reduzieren (siehe Angaben Bedienungsanleitung!)
- Aufrichtwinkel des Leitersatzes reduzieren (siehe Angaben Bedienungsanleitung!)
- Ausladung des Leitersatzes innerhalb der 2-Personen-Freistandsgrenze (1 Einsatzkraft im Korb) bzw. 3-Personen-Freistandsgrenze (2 Einsatzkräfte im Korb) halten
- Maximaler seitlicher Drehbereich des Wenderohres 30° nach beiden Seiten des Leitersatzes.
- Maximal zulässigen Eingangsdruck am Wenderohr beachten (siehe Angaben Bedienungsanleitung!)
- Strahlrohrabstände nach VDE 0132 beachten!
- Kein Einsatz von Wenderohren (Wasserwerfern) oder Schaumrohren in Kombination mit Wenderohren im Bereich von spannungsführenden elektrischen Anlagen!
- Kein Einsatz von Schaumgeneratoren über den Leitersatz im Bereich von spannungsführenden elektrischen Anlagen!

5.5 Positionierung und Einweisung der Drehleiter an der Einsatzstelle mit Hilfe der „HAUS-Regel“[1]

Die „HAUS-Regel“ soll als Hilfsmittel Maschinisten und Einheitsführern die Einweisung und Aufstellung von Hubrettungsfahrzeugen insbesondere unter Zeitdruck und innerhalb komplexer Rahmenbedingungen erleichtern. Sie fasst die relevanten Faktoren zusammen, die für einen sicheren, schnellen und effizienten Einsatz der Drehleiter zu beachten sind. Damit stellt sie eine Art „Checkliste“ dar, mit deren Hilfe die Umgebungsbedingungen an der Einsatzstelle, welche sich auf die Wahl der Aufstellfläche für die Drehleiter auswirken können, von den Einsatzkräften schnell erkannt und bewertet werden können.

[1] Siehe hierzu auch: HAUS-Regel; Unger, Beneke; Version VIII vom 15.03.2020

Abbildung 20: Die Kriterien der „HAUS-Regel“ am praktischen Einsatzbeispiel. (Quelle: Werft)

Diese vier Kriterien sollen nachfolgend anhand einiger praktischer Beispiele beschrieben werden.

5.5.1 Hindernisse

Hindernisse im Bereich der Aufstell- und Bewegungsfläche der Drehleiter und des Leitersatzes können sich negativ auf den Einsatzverlauf sowie der Entwicklung des Drehleitereinsatzes auswirken. Darum ist der Bereich des vorgesehenen Standplatzes auf Hindernisse hin zu überprüfen, die den Drehleitereinsatz einschränken können. Hindernisse an der Einsatzstelle können sich dabei auf folgende Drehleiterfunktionen auswirken:

- Ausfahrbereich der Abstützungen auf beiden Fahrzeugseiten
- Drehbereich des Drehgestells mit Lafette auf der der Anleiterstelle abgewandten Fahrzeugseite
- Bewegungsbereich des Leitersatzes (Drehen, Ausfahren, Aufrichten/Neigen des Leitersatzes)

Hindernisse können somit das Ausfahren der Abstützungen, das Aufrichten/Neigen und Drehen sowie das Ausfahren des Leitersatzes beeinträchtigen.

Darum ist auf Hindernisse an beiden Längsseiten des Fahrzeugs und im Luftraum über dem Fahrzeug zu achten. Beispiele für mögliche Hindernisse sind:

- geparkte Fahrzeuge (z.B. Vans, Kleinbusse, SUVs, LKW, etc.)
- Ampelmasten und Straßenbeleuchtungsmasten
- Verkehrsschilder
- hängende Straßenbeleuchtung über der Fahrbahn
- Straßenbahnoberleitung und andere spannungsführende Leitungen (z.B. Dachständer- oder Giebeleinspeisung in Wohngebäuden)
- Bäume und Verkehrspoller und Pflanzungen in verkehrsberuhigten Bereichen
- Hochspannungsleitungen
- Hohe Mauern im Drehbereich des Drehgestells mit Lafette

Abbildung 21: Beispiel für Hindernisse im Bereich der Abstützungen und des Leitersatzes. (Quelle: Werft)

Besonderes Augenmerk gilt dabei dem Drehbereich des Drehgestells mit Lafette, hier muss der Überstand über die Fahrzeugkontur bzw. die ausgefahrenen Abstützungen auf der dem Einsatzobjekt abgewandten Fahrzeugseite beachtet werden. Der hierfür notwendige Freiraum von ca. 2,00 m kann durch parkende Fahrzeuge wie beispielsweise Kleinbusse und LKW eingeschränkt sein.

In diesen Fällen muss die Positionierung der Drehleiter auf diese Hindernisse abgestimmt werden, wofür zwei Varianten möglich sind:

- Positionierung des Fahrzeugs näher am Einsatzobjekt → minimale Abstützbreite zum Einsatzobjekt hin (Fahrzeugkonturabstützung), um den notwendigen Freiraum für den Überstand des Drehgestells sicherzustellen (nur möglich, wenn eine geringe Ausladung des Leitersatzes erforderlich ist)
- Positionierung des Fahrzeugs an dem in Fahrtrichtung unmittelbar vorgelagerten Gebäude neben dem Einsatzobjekt → Anleitern über das Fahrerhaus (*siehe hierzu auch Kapitel 6*)

Bei Hindernissen gilt: Auf beide Seiten des Fahrzeugs und nach oben schauen!

5.5.2 Abstände

Um im Einsatzfall die möglichst optimale Positionierung der Drehleiter zügig durchführen zu können, müssen den Einsatzkräften (Maschinist, Einheitsführer) die Abmessungen bzw. notwendigen Abstände des eingesetzten Drehleitertyps bekannt sein. Einerseits ergeben sich diese Abstände aus den Abmessungen des vorhandenen Fahrzeuges, andererseits durch den notwendigen Platzbedarf für einen uneingeschränkten Einsatz. Folgende Abstandswerte sind beim Drehleitereinsatz relevant:

- Ausfahrlänge (in Metern) der Abstützungen bei maximaler Abstützbreite (Abstand Fahrzeugaußenkante ↔ Außenkante Bodendruckplatte)
- Länge (in Metern) des eingefahrenen Leitersatzes (Abstand Drehkranzmitte ↔ Außenkante Rettungskorb) bei 90° zur Fahrzeuglängsachse gedrehtem Leitersatz und Aufrichtwinkel von 0° → minimale Rettungshöhe und Einfahren des Leitersatzes/Rettungskorbes in Gebäude hinein

- Abstand (in Metern) Drehkranzmitte ↔ Einsatzobjekt bei maximal aufgerichtetem und ausgefahrenem Leitersatz → maximale Rettungshöhe
- Länge (in Metern) des Überstandes des Drehgestells auf der dem Einsatzobjekt abgewandten Fahrzeugseite zwischen Fahrzeugaußenkante und Leitersatzbasis sowie der Abstand zwischen Standfläche und Leitersatzbasis bei aufgerichtetem Leitersatz (bei einem Aufrichtwinkel von 75°).
- Länge des über das Fahrzeugheck abgesenkten Leitersatzes, gemessen zwischen Fahrzeugaußenkante am Heck und dem Lot der vorderen Korbaußenkante über der Standfläche = notwendiger Abstand zu nachfolgenden Fahrzeugen, um Leitersatz hinter dem Fahrzeug absenken zu können, z.B. um Personen sicher aus dem Rettungskorb aussteigen zu lassen
- Bei Drehleitern mit Gelenkarm: Abstand Vorderkante Fahrerhaus ↔ Vorderkante des nach vorne vor dem Fahrerhaus abgesenkten Rettungskorbes = notwendiger Abstand zum vorausfahrenden Fahrzeug, um den Rettungskorb vor dem Fahrzeug absenken zu können, z.B. um Personen sicher aus dem Rettungskorb aussteigen zu lassen.

Hinweis: Die vorstehend aufgeführten Abstände und Abmessungen können den jeweiligen Bedienungsanleitungen entnommen bzw. am verfügbaren Fahrzeugtyp ausgemessen werden.

Abbildung 22 a und b:
Tatsächlich erforderliche Abstände vor der Drehleiter zum Ablegen des Rettungskorbes vor dem Fahrerhaus. Beim Strecken des Gelenkteils wird geringfügig größerer Abstand benötigt. (Quelle: Werft)

■ Drehkranzmitte als Referenzpunkt für die Abstandsmessung

Eine universelle und praktikable Möglichkeit der Messung dieser einsatzrelevanten Abstände ist die Messung zwischen Gebäudekante bzw. dem Lot der Außenkante des Rettungskorbes über der Standfläche und der Drehkranzmitte (Mitte des Drehgestells).

Der große Vorteil der Verwendung der Drehkranzmitte als Referenzpunkt für die Abstandsmessung liegt darin, dass es hierbei keine Rolle spielt, in welche Richtung das Fahrgestell der Drehleiter in Bezug auf das Einsatzobjekt ausgerichtet ist. Dies ist insbesondere dann von Relevanz, wenn beispielsweise das Einsatzobjekt rückwärts angefahren werden muss (*siehe hierzu auch Kapitel* 6) oder wenn die Drehleiter an einer Gebäudeecke positioniert wird, um zwei Gebäudefronten mit dem Leitersatz abdecken zu können.

Tipp: Messung der notwendigen Abstände zum Einsatzobjekt von der Drehkranzmitte aus erleichtert die Positionierung der Drehleiter insbesondere bei seitlich versetztem und schräg am Einsatzobjekt positioniertem Fahrzeug für

- minimale Rettungshöhe
- maximale Rettungshöhe
- Anleitern von zwei Gebäudefronten über eine Gebäudeecke

Um im Einsatzfall schnell die erforderlichen Abstandswerte ohne Hilfsmittel verfügbar zu haben, können die gemessenen Abstands- und Abmessungswerte im Vorfeld mit der eigenen Schrittlänge abgeschritten werden.

Die folgende Tabelle fasst diese relevanten Abstände, unter Berücksichtigung der Empfehlungen für die Werte aus der „HAUS-Regel“, zusammen. Sie stellen Allgemeinwerte für alle Fahrzeuge des Typs DLAK 23-12 dar, die für alle Baujahre anwendbar sind. Die genauen Werte der am eigenen Standort vorhandenen Drehleiter können durch Ausmessen ermittelt und für den eigenen Gebrauch in einer Tabelle zusammengefasst werden.

Tabelle 2: Art des Abstands sowie der dafür benötigte Abstand in Metern

Art des Abstandes	Abstand in Metern
Ausfahrlänge der Abstützung (seitlicher Platzbedarf der Abstützung beidseits der Drehleiter)	**1,50 m** (gemessen zwischen Fahrzeugaußenkante und seitlichem Hindernis)
Seitlicher Überstand des Drehgestells mit Lafette	**2,00 m** (gemessen zwischen Fahrzeugaußenkante und seitlichem Hindernis)
Abstand Drehleiter ↔ Gebäudekante für **maximale Rettungshöhe**	**7,00 m** (gemessen zwischen Drehkranzmitte Drehleiter und Gebäudekante)
Abstand Drehleiter ↔ Gebäudekante für **minimale Rettungshöhe**	**9,00 m** (gemessen zwischen Drehkranzmitte Drehleiter und Gebäudekante)
Freizuhaltender **Bereich hinter der Drehleiter** (Platzbedarf zum Ablegen des Leitersatzes hinter dem Fahrzeug)	**10,00 m** (gemessen ab Außenkante Fahrzeugheck)
Freizuhaltender **Bereich vor der Drehleiter** (Platzbedarf zum Absenken des Rettungskorbes vor dem Fahrzeug bei Fahrzeugen mit Gelenkarm sowie Platzbedarf zur evtl. Entnahme tragbarer Leitern von HLF vor der Dreheiter)	**7,00 m** (gemessen ab Außenkante Fahrzeugfront)
Höhe des seitlichen Überstandes des Drehgestells → notwendiger Freiraum zum Überfahren von Hindernissen mit dem Drehgestell bei engen Platzverhältnissen	≥ **1,60 m** (gemessen zwischen Boden und der Unterkante des Drehgestells)

Abbildung 23: Zusammenfassung der wichtigsten Abstandswerte aus voranstehender Tabelle. (Quelle Tabelle und Abbildung: Werft)

Abstände ⇨ abmessen oder Abschreiten der notwendigen Abstände

5.5.3 Untergrund

Der Untergrund der Aufstellfläche muss die auftretenden Lasten während des Leiterbetriebes aufnehmen können. Die auftretenden Bodendrücke an den Bodendruckplatten der Abstützungen dürfen nach Norm einen maximalen Wert von 80 N/cm^2 erreichen.

Hinweis: Die höchste Kraftübertragung an den Bodendruckplatten tritt nicht beim Abstützvorgang auf, sondern während des Leiterbetriebs bei der maximalen Korbzuladung bei maximaler Ausladung!

Auf normal befestigen Straßen wie innerörtlichen Straßen sowie Bundes- und Landstraßen stellt die Abstützung in der Regel kein Problem dar. Gleiches gilt für Feuerwehrzufahrten und Aufstell- und Bewegungsflächen für die Feuerwehr nach DIN 14090, welche eine Tragkraft von 16 t (zulässige Gesamtlast) bzw. von 10 t (Achslast) aufweisen müssen. Diese sind über entsprechend gekennzeichnete Feuerwehrzufahrten erreichbar.

Bei der Anfahrt über Feuerwehrzufahrten müssen sich alle Räder beider Achsen auf der befestigten Fläche befinden und die Grünflächen beidseits der Zufahrt sollten keinesfalls befahren werden. Denn besonders bei durchweichten Böden (z.B. wasserdurchtränkte Rasenfläche) besteht die Gefahr des Einsinkens des Fahrzeuges mit den Rädern beider Achsen einer Fahrzeugseite. Bei der Aufstellung der Drehleiter müssen die Bodendruckplatten der belasteten Abstützungen auf der dem Einsatzobjekt zugewandten Fahrzeugseite ebenfalls auf der befestigten Fläche der Feuerwehrzufahrt bzw. -aufstellfläche abgesenkt werden. Andernfalls besteht die Gefahr des Umstürzens, wenn die Bodendruckplatten beim anschließenden Anleitervorgang hohe Druckkräfte aufnehmen müssen.

Gegen das Einbrechen oder Einsinken von Abstützungen in einen nicht ausreichend tragfähigen Untergrund kann keine der installierten Sicherheitseinrichtungen schützen!

Abbildung 24: Feuerwehrzufahrt mit beidseits aufgeweichtem Untergrund, Abstützung innerhalb der befestigten Aufstellfläche. (Quelle: Werft)

Ist bei einer Feuerwehrzufahrt die befestigte Fläche nicht erkennbar (z.B. dicke Grasnarbe über der Befestigung, fehlende Seitenmarkierungen der Zufahrt), kann die Beschaffenheit des Untergrundes mit einem Hilfsmittel geprüft werden (z.B. mit Spaten, Feuerwehraxt, Stiefelspitze).

Bestehen Zweifel an der Tragfähigkeit des Untergrundes der Aufstell- und Bewegungsflächen, sollten stets die Unterlegklötze unter die Bodendruckplatten der belasteten Fahrzeugseite gelegt werden. Ein Unterlegen der Auffahrbohlen unter die Bodendruckplatten der Abstützungen ist seitens der Drehleiterhersteller verboten, da diese den auftretenden Belastungen an den Kontaktflächen mit den Bodendruckplatten nicht standhalten (seit März 2017 schreibt die DIN 14854 eine Bruchlast von 6.000 kg vor).

Auf folgenden Untergründen sollte generell keine Drehleiter abgestützt werden (Beispiele):

- auf Schachtdeckeln (Kanalisationsschächte, Regeneinlaufschächte, Kabelschächte, etc.)
- in unmittelbarer Nähe von Böschungsrändern oder Grabenrändern
- auf durchweichenden oder durchweichten Standflächen (z.B. durch Regen, Löschwasser)
- auf gering verdichtetem Untergrund (Sandboden, Ackerboden, unbefestigte Grasnarbe, etc.)
- auf gepflasterten Gehwegen.

Auf Brücken müssen die Bodendruckplatten immer im Bereich der Fahrbahn abgesenkt werden, eine Abstützung auf dem Gehwegbereich ist aufgrund der unbekannten und möglicherweise mangelnden Tragfähigkeit zu vermeiden.

Im Bereich von Böschungen (natürliche oder künstlich angelegte) und Tiefbaustellen mit Verbau (z.B. Kanalbaustellen) ist ein Mindestabstand von 2,00 Metern zum Böschungsrand bzw. Grabenrand einzuhalten (abgeleitet von der allgemeinen Forderung nach DIN 4124 „Baugruben und Gräben").

Abbildung 25: Mindestabstand zu Böschungen, Gräben und Baugruben mit seitlichem Verbau. (Quelle: Werft)

Im Bereich von Schächten (z.B. Kanalisation, Kabelschächte, Kanaleinläufen, etc.) sollte mit den Abstützungen ein Mindestabstand von 0,5 m eingehalten werden. Der Schwachpunkt ist hier der unter dem tragfähigen Schachtdeckel liegende Schachtring, der infolge von Witterungseinflüssen oder Streusalz im Winter sowie der ständigen Belastung massiv an Festigkeit verlieren kann. Es besteht dann die Gefahr des Zerbrechens des Schachtringes und damit das Einbrechen der Abstützung.

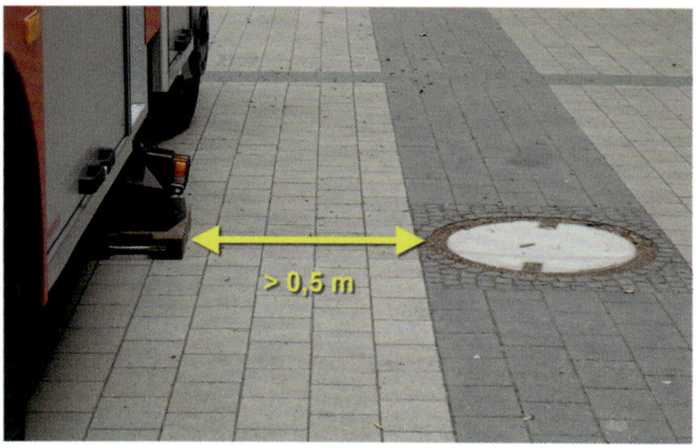

Abbildung 26: Mindestabstand der Bodendruckplatte von einem Schachtdeckel. (Quelle: Werft)

Beim Befahren von Feuerwehrzufahrten im Bereich von Tiefgaragen darf die Drehleiter nur im Bereich der markierten Zufahrt bewegt werden, beim Verlassen der markierten Fahrspur besteht möglicherweise Einbruchgefahr für das Fahrzeug.

■ Maßnahmen bei nicht ausreichender Tragfähigkeit

Bei nicht ausreichender Tragfähigkeit des Untergrundes der Standfläche müssen die auftretenden Bodendruckkräfte möglichst großflächig in den Untergrund eingeleitet werden. Dies kann durch das Unterlegen der Unterlegklötze unter die Bodendruckplatten der Abstützungen auf der dem Einsatzobjekt zugewandten (belasteten) Fahrzeugseite erfolgen. Dabei muss beachtet werden, dass maximal **zwei** Platten pro Abstützung zulässig sind. Bei Verwendung von zwei Unterlegplatten müssen diese um 90° versetzt aufeinandergelegt werden (Sicherstellung der elektrischen Leitfähigkeit auch bei Verrutschen der Platten untereinander).

Abbildung 27:
Einsatz von Unterlegklötzen bei unbekannter Tragfähigkeit des Untergrundes. (Quelle: Werft)

Achtung: Nur die originalen, elektrisch leitfähigen Unterlegklötze des Herstellers verwenden! Unterlegplatten um 90° versetzt zueinander anordnen.

■ Oberflächenbeschaffenheit des Untergrundes

Eine wesentliche Voraussetzung für die Standsicherheit der Drehleiter ist eine ausreichende Reibung zwischen Fahrzeug (Abstützungen, Reifen) und Standfläche. Ist die benötigte Standfläche vereist, müssen geeignete Maßnahmen zur Verbesserung der Eigenschaften der Aufstellfläche ergriffen werden, z.B. Abstreuen der Fläche unter den Abstützungen mit Streusalz und/oder Beseitigung von Schnee und Eis mittels Spaten.

Untergrund ⇨ Prüfung auf erforderliche Tragfähigkeit, ggf. Untersuchung

5.5.4 Sicherheit

Der Drehleitermaschinist trägt einen wesentlichen Anteil der Verantwortung für ggf. zu rettende Personen, die eigenen Einsatzkräfte und das Fahrzeug. Er überwacht vom Hauptbedienstand die Abläufe und sämtliche Bewegungen des Hubrettungssatzes (Abstützungen und Leitersatz), um bei Auftreten von Gefahrensituationen sofort eingreifen zu können. Dafür kann er die Steuerung des Leitersatzes übernehmen (Vorrangschaltung am Hauptbedienstand) oder den Not-Aus-Schlagschalter am Hauptbedienstand drücken, wenn ein schnelles Stoppen des Leiterbetriebs notwendig ist. Der Drehleitermaschinist hat den Überblick über einen großen Teil des Bewegungsbereiches des Leitersatzes und kann so frühzeitig Hindernisse oder Gefahren erkennen, die Einsatzkräfte im Rettungskorb möglicherweise nicht sehen können.

Während des Drehleitereinsatzes darf der Drehleitermaschinist den Hauptbedienstand nicht verlassen!

Ein wesentlicher Bestandteil der Sicherheit im Drehleitereinsatz kommt der ausreichenden Qualifikation der Drehleiterbesatzung zu. Diese muss durch eine fundierte Aus- und Fortbildung gewährleistet werden. Die Ausbildung muss insbesondere die Beherrschung der Anwendung des Leiternotbetriebes beinhalten. Diese kann im Rahmen eines Einsatzes auch sehr überraschend notwendig werden, z.B. durch plötzlich auftretende äußere Einflüsse wie Beschädigung der Leitertechnik. Um den Leiternotbetrieb auch unter Stressbedingungen sicher und schnell anwenden zu können, müssen diese Fähigkeiten laufend trainiert werden.

In der Betriebsart „Notbetrieb“ sind alle Sicherheits- und Überwachungseinrichtungen der Drehleiter ohne Funktion. Daher muss der bedienende Maschinist alle Betriebszustände des Leitersatzes und der Abstützungen visuell überwachen und darauf achten, dass der Leitersatz nicht durch den Anstoß an Hindernissen beschädigt wird. Die Geschwindigkeit der Bewegungen des Leitersatzes bzw. der Abstützungen ist im Notbetriebsmodus stark verlangsamt. Diese Einschränkung ist insbesondere dann bedeutsam, wenn der Rettungskorb mit den darin befindlichen Einsatzkräften bzw. zu rettenden Personen aus einem Gefahrenbereich gebracht werden muss.

Im Rahmen des Notbetriebs sind nur die Rückführung des Leitersatzes und der Abstützungen in Fahrstellung möglich, ein weiterer Einsatz der Drehleiter zur Menschenrettung, Brandbekämpfung oder THL ist nicht zulässig!

Hinweis: Der Drehleitermaschinist ist für einen wesentlichen Anteil der Sicherheit im Drehleitereinsatz und deren permanente Überwachung verantwortlich. Er überwacht die Bewegungen des Leitersatzes vom Hauptbedienstand aus und darf diesen während des Einsatzes nicht verlassen! Außerdem muss er in der Durchführung des Drehleiternotbetriebes geschult sein und diesen jederzeit sicher durchführen können.

Grundsätzlich ist beim Einsatz von Drehleitern auf die Einhaltung der geltenden UVV und der Vorgaben der Drehleiterhersteller zu achten. Diese sind den jeweiligen Bedienungsanleitungen zu entnehmen.

Darüber hinaus müssen im Rahmen eines Drehleitereinsatzes die Gefahren der Einsatzstelle beachtet werden, wie sie an jeder Einsatzstelle der Feuerwehr auftreten können. Bei der Positionierung und beim Einsatz der Drehleiter müssen die vorliegenden Gefahren erkannt und ggf. geeignete Sicherheitsmaßnahmen ergriffen werden.

Gefahren durch → / für ↓	Atemgifte	Angstreaktion	Ausbreitung	Atomare Strahlung	Chemische/ Biologische Stoffe	Erkrankung/ Verletzung	Explosion	Elektrizität	Einsturz/ Absturz
Menschen									
Tiere									
Umwelt		-				-		-	-
Sachwerte	-	-				-			
Mannschaft									
Gerät (Drehleiter)	-	-				-			

Abbildung 28: Gefahrenmatrix mit den Gefahren der Einsatzstelle nach SCHLÄFER, H.,1998 mit Heraushebung der beim Drehleitereinsatz auftretenden Hauptgefahren (gelb). (Quelle: Werft)

Dafür müssen – oftmals unter Zeitdruck – die Umgebungsbedingungen an der Einsatzstelle auf eventuell bestehende Gefahren überprüft werden. Dabei kann die sogenannte „Gefahrenmatrix" hilfreich sein.

Die Gefahrenmatrix erleichtert eine Beurteilung und Einschätzung der beim Drehleitereinsatz vorliegenden Gefahren:

- **Angst** (z.B. durch betroffene bzw. zu rettende Personen)
- **Ausbreitung** (z.B. Ausbreitung eines Brandes mit Gefährdung der Drehleiter)
- **Atemgifte** (z.B. für die Korbbesatzung bei Brandbekämpfung und/oder Menschenrettung bei Brandeinsatz)
- **Absturz** (Absturz von Einsatzkräften aus dem Rettungskorb heraus bei der Durchführung von Tätigkeiten, bei denen sie sich aus dem Korb herauslehnen müssen)

- **Einsturz** (z.B. Einsturz von Trapezblechfassaden bei Fabrikations- und Lagerhallen ⇨ Drehleiter im Trümmerschatten)
- **Explosion** (z.B. bei einem Druckgefäßzerknall beim Brand einer Fabrikationshalle)
- **Elektrizität** (z.B. Gefährdung des Fahrzeugs und der Besatzung durch Hochspannungsfreileitungen oder Dachständereinspeisungen)

Nachfolgend sollen die Hauptgefahren im Drehleitereinsatz anhand von Beispielen erläutert werden.

■ Angstreaktion

Durch panisches Verhalten von gefährdeten Personen kann bei einer Menschenrettung die Standsicherheit der Drehleiter durch das Einspringen verängstigter Personen in den Rettungskorb mit daraus resultierender Überlastung des Leitersatzes (Rettungskorb an der Benutzungsgrenze) gefährdet werden. Außerdem kann dabei die Einsatzkraft im Rettungskorb verletzt werden.

Diese Gefahren bestehen insbesondere bei der notwenigen Rettung mehrerer Personen von unterschiedlichen Rettungsöffnungen und in verschiedenen Etagen, z.B. im Rahmen eines Gebäudebrandes mit Unpassierbarkeit eines Treppenraumes (z.B. durch Verrauchung). Werden erst Personen aus unteren Stockwerken mit dem Rettungskorb angefahren, geraten möglicherweise Personen in darüberliegenden Stockwerken in Panik in der Annahme, sie würden nicht gerettet werden.

Dadurch besteht die Gefahr von Kurzschlusshandlungen, insbesondere dann, wenn diese Person(en) durch rasche Brand- und Rauchausbreitung stark gefährdet sind – oder sich stark gefährdet fühlen. In solchen Situationen muss die Drehleiterbesatzung den Überblick behalten und auf den Eigenschutz achten.

Weiterhin muss das Drehleiterteam innerhalb kürzester Zeit, unter Berücksichtigung des maximal möglichen Eigenschutzes, einen Aktionsplan für die Rettung der Personen entwickeln. Dafür muss zwangsläufig in Abhängigkeit der abgeschätzten Gefährdungsstufe eine Priorisierung der zu rettenden Personen vorgenommen werden. Nachfolgende Tabelle soll dafür eine Entscheidungshilfe bieten. Es ist völlig klar, dass die Einordnung betroffener Personen in die genannten Gefährdungskategorien sehr stark von den jeweils vorliegenden Gegebenheiten an der Einsatzstelle abhängt. Trotzdem ist es notwendig, sich im Vorfeld gedanklich mit einem derartigen komplexen Einsatzszenario auseinanderzusetzen. Dadurch ist eine mentale Vorbereitung auf eine derart fordernde Situation möglich, um dann im Einsatzfall nicht von dieser überrollt zu werden.

Die Rettung betroffener Personen sollte in folgender Reihenfolge durchgeführt werden:

1. Personen in der Brandwohnung oder Personen, die durch eine Brand- und Rauchausbreitung akut gefährdet sind
2. Personen in den der Brandwohnung angrenzenden Wohneinheiten (insbesondere in den darüber liegenden), die durch Feuer und Brandrauch gefährdet sind
3. Alle anderen Personen, die an Fenstern/Balkonen auf sich aufmerksam machen und sich in einem als sicher eingestuften Bereich befinden.

Die Rettung von absturzgefährdeten Personen (z.B. an Fenstersimsen hängende Menschen) ist vorrangig durchzuführen!

Beim Einsatz einer Drehleiter im Rahmen einer Suizidandrohung (z.B. Person droht damit in die Tiefe zu springen) sollte ebenfalls im Sinne der Eigensicherung ein ausreichender Sicherheitsabstand zwischen Rettungskorb und Suizident gehalten werden, da in einem solchen Einsatzfall die Absichten und möglichen bevorstehenden Handlungen der Person nur schwer einschätzbar sind.

■ Atemgifte

Bei der Durchführung einer Menschenrettung im Rahmen eines Brandeinsatzes können die im Rettungskorb befindlichen Einsatzkräfte je nach vorliegender Einsatzlage kurzzeitig dem aus dem Gebäude austretenden Brandrauch ausgesetzt sein. Daher müssen sie sich durch geeignete Maßnahmen schützen, z.B. mittels umluftunabhängigem Atemschutz. Bei bestimmten Einsatzlagen kann es notwendig sein, dass sich auch der Drehleitermaschinist mit einem geeigneten Atemschutzgerät ausrüstet, z.B. wenn bei einem Brandeinsatz Brandrauch nach unten gedrückt wird (z.B. Innenstadtbereich bei Inversionswetterlage, etc.). Gleiches gilt bei einem Brandeinsatz natürlich auch für die Einsatzkräfte im Rettungskorb.

■ Absturz

Im Rahmen einiger Einsätze kann die Gefahr des Absturzes von Einsatzkräften aus dem Rettungskorb heraus bestehen, z.B. bei Tätigkeiten, bei denen sich die im Rettungskorb befindlichen Einsatzkräfte aus diesem herausbeugen müssen, z.B. bei

- Beheben von Sturmschäden (z.B. Abtragen eines hängenden Baumes zur Gefahrenbeseitigung)
- Sicherung einer Einsatzkraft im Rahmen der Absturzsicherung aus dem Rettungskorb heraus (Einsatzkraft im Rettungskorb = Sicherungsmann für die gesicherte Einsatzkraft)
- Rettung eines Patienten mittels Krankentragenhalterung (wenn die Einsatzkraft im Rettungskorb von außen her beim Überheben der Trage aus dem Fenster heraus unterstützen muss).

Bei solchen Tätigkeiten verlagert eine Einsatzkraft möglicherweise ihren Körperschwerpunkt aus dem Rettungskorb heraus. Dann besteht ohne Eigensicherung eine konkrete Absturzgefahr.

Bei Drehleitern ab Baujahr 2010 (Zeitpunkt der Normänderung) sind hierfür Selbstsicherungsösen an unterschiedlichen Stellen im Rettungskorb angebracht, die als Haltepunkte für eine Selbstsicherung (sog. „Standplatzsicherung“) verwendet werden können. An diesen Haltepunkten können sich Einsatzkräfte mittels Feuerwehr-Haltegurt oder der Selbstsicherungsschlinge eines in der Einsatzkleidung eingearbeiteten integrierten Rettungssystems (IRS) gegen Absturz sichern. Diese Absturzsicherung stellt eine rein statische Sicherung dar, die keinesfalls mit einem Sturz belastet werden darf! Daher muss das Verbindungsmittel möglichst kurz und möglichst gespannt gehalten werden.

Nähere Informationen hierzu sind der jeweiligen Bedienungsanleitung des Herstellers zu entnehmen.

Die Selbstsicherungsösen im Rettungskorb einer Drehleiter sind auf eine **statische Gebrauchslast von 100 kg** geprüft, was für die reine Rückhaltung einer gesicherten Einsatzkraft von einer möglichen Absturzkante ausreichend ist.

Abbildung 29: Beispiel für Standplatzsicherung im Rettungskorb mit Integriertem Rettungssystem (IRS) mit Selbstsicherungsschlinge. (Quelle: Werft)

■ Einsturz

Eine weitere Gefahr für Einsatzkräfte und Fahrzeug an der Einsatzstelle besteht durch Einsturz von Gebäudeteilen bzw. dem Absturz loser Bauteile eines Gebäudes.

So besteht beispielsweise bei Bränden von Lager- oder Fabrikationshallen mit Trapezblechfassaden die Gefahr des Lösens und Umstürzens der Fassadenelemente, wenn diese durch Brandbeaufschlagung in ihrer Substanz geschwächt sind (z.B. Verlust der Stabilität der Befestigungen aufgrund thermischer Belastung). Eine weitere Gefahr bilden freigebrannte Giebelwände und Schornsteine von abgebrannten Dachstühlen, welche unvermittelt ein- bzw. umstürzen können.

Abbildung 30: Eingestürzte Fassadenelemente einer Lager- und Fabrikationshalle, durch die thermische Einwirkung des Brandes in die Halle gestürzt. (Quelle: Werft)

Herabfallende Dachziegel oder Dachteile (z.B. Bauteile von Photovoltaik- oder Solarthermieanlagen) bei einem Dachstuhlbrand stellen ein weiteres Gefährdungspotential für Einsatzkräfte und Fahrzeug dar. Hier besteht die Gefahr, dass Dachziegel oder Bauteile über die Dachschräge nach unten rutschen und im Bereich der Dachtraufe zu Boden fallen. Auch bei Unwettereinsätzen ist mit Gefahren durch Einsturz bzw. Absturz zu rechnen, so z.B. bei Einsätzen an einsturzgefährdeten Baugerüsten.

Hinweis: Bei der Aufstellung der Drehleiter ist das Fahrzeug möglichst außerhalb des Trümmerschattens zu platzieren.

■ Elektrizität

Eine der Hauptgefahren im Drehleitereinsatz stellt die Gefahr durch Elektrizität dar. Bei einem zeitkritischen Einsatz mit großer Dynamik (z.B. Menschenrettung bei einem Gebäudebrand) wird möglicherweise das Vorliegen einer Gefahr durch elektrische Ladungsträger nicht schnell genug erkannt. Oftmals fehlen an einer Einsatzstelle auch die Hinweise für das mögliche Vorliegen einer elektrischen Gefahr, insbesondere auch bei Nacht und/oder schlechter Sicht bei schlechtem Wetter (z.B. bei Unwettereinsätzen). Vor der Fahrzeugaufstellung und Beginn der Arbeiten muss die Einsatzstelle dahingehend erkundet und ggf. erforderliche Schutzmaßnahmen eingeleitet werden.

Die folgende Aufstellung soll nur einige Beispiele für Einsatzsituationen geben, in deren Rahmen mit einer Gefährdung durch Elektrizität gerechnet werden muss:

- Umsturzgefährdeter Baum mit möglicher Beschädigung von Hochspannungsleitungen (z.B. Oberleitung Eisenbahn)
- Brandeinsatz an Gebäuden mit Photovoltaikanlage auf dem Dach
- Gerüsteinsturz mit Beschädigung von Elektroleitungen (z.B. Straßenbahnoberleitung, Straßenbeleuchtung)
- Arbeiten an Dächern bei Häusern mit Dachständer-Einspeisung
- Brandbekämpfung in unmittelbarer Nähe zu Hochspannungsleitungen
- Menschenrettung aus Gebäuden in unmittelbarer Nähe zu Fahrdrähten bzw. Oberleitungen (z.B. Straßenbahn)
- Brandbekämpfung an Dächern von Gebäuden mit Dachständereinspeisung

Abbildung 31:
Beispiel für Gefahren durch Elektrizität bei Drehleitereinsätzen: Stromeinspeisung über Dachständer. (Quelle: Werft)

■ Spannungsverschleppung

Bei Kontakt von Spannungsquellen mit elektrisch leitfähigen Bauelementen oder Gegenständen kann eine Spannungsübertragung (sog. „Spannungsverschleppung") über große Bereiche erfolgen.

Bei Gefahr einer Spannungsverschleppung sind von den betroffenen Gegenständen bzw. Bauelementen die gleichen Sicherheitsabstände einzuhalten wie von der eigentlichen Spannungsquelle selbst (siehe nachfolgender Abschnitt „Schutzmaßnahmen bei Gefahren durch Elektrizität im Drehleitereinsatz").

Die Möglichkeit einer Ausbreitung der Gefahr durch Elektrizität besteht beispielsweise bei Kontakt einer Spannungsquelle (z.B. abgerissene Straßenbahnoberleitung) mit Bauelementen und Gegenständen wie Dachrinnen, Fallrohre, Gerüste, Metalltreppen und -leitern, Ampelmasten, etc.

Hinweis: Wenn sich elektrische Anlagen, bedingt durch Sturmschäden, einem Verkehrsunfall oder einem Brand, in einem unvorhergesehenen bzw. nicht bestimmungsgemäßen Zustand befinden, ist mit einer hiervon ausgehenden elektrischen Gefährdung für die Einsatzkräfte zu rechnen.

■ Schutzmaßnahmen bei Gefahren durch Elektrizität

Bei Drehleitereinsätzen im Bereich elektrischer Anlagen sind die allgemeinen Sicherheitsmaßnahmen nach UVV und VDE 0132 sowie den Vorgaben und

Empfehlungen der DGUV Information 203-052[1] einzuhalten, die bei jedem Feuerwehreinsatz Gültigkeit haben. Auf den Drehleitereinsatz bezogen sind damit insbesondere folgende Schutzmaßnahmen zu beachten:

- Schutzabstand des Leitersatzes bzw. des Rettungskorbes zur Spannungsquelle entsprechend der Höhe der anzutreffenden Spannung einhalten (Niederspannung ↔ Hochspannung)
- Beachtung und Anwendung der „5 Sicherheitsregeln", soweit möglich
- Verwendung der elektrisch leitfähigen Unterlegklötze (Abstützung)
- Strahlrohrabstände entsprechend der Vorgaben nach VDE 0132 in Abhängigkeit der gegebenen oder vermuteten Spannungshöhe einhalten.

Folgende Regelwerke geben Informationen zu Schutzmaßnahmen im Bereich elektrischer Anlagen:

- DGUV Information 203-052 (ehem. BGI/GUV-I 8677), „Elektrische Gefahren an der Einsatzstelle", Vortrag für Einsatzkräfte, Ausgabe Juli 2011
- DGUV Information 205–010 (ehem. GUV-I 8651) „Sicherheit im Feuerwehrdienst"
- DGUV Vorschrift 49 (ehem. GUV-VC 53) – „UVV Feuerwehren"
- VDE 0132

■ Schutzabstand

Als Erstmaßnahme beim Vorliegen einer Gefahr durch Elektrizität ist ein ausreichender Schutzabstand zur Spannungsquelle einzuhalten, wobei zwischen Niederspannung und Hochspannung unterschieden werden muss. Als Niederspannung bezeichnet man den Bereich bis 1.000 V~ (Wechselspannung) bzw. bis 1.500 V = (Gleichspannung).

In diesen Bereich fallen die Hausinstallationen bzw. die Installationen in Gewerbe und Industrie (Niederspannungsnetz) mit Spannungswerten von 230 V~ und 400 V~. Auch die Giebel- und Dachständereinspeisungen bei Wohnhäusern, wie sie beispielsweise im ländlichen Bereich noch häufig vorhanden sind, fallen hierunter.

[1] Ehemalige BGI/GUV-I 8677 „Elektrische Gefahren an der Einsatzstelle" der Berufsgenossenschaft Energie Textil Elektro Medienerzeugnisse (BG ETEM), Ausgabe Juli 2011

Der notwendige Schutzabstand von Niederspannungsanlagen bis zu 1.000 V~ (z.B. Hausversorgungsnetz) beträgt 1 m.

Der Hochspannungsbereich umfasst die Transport- und Verteilernetze mit einer Spannung zwischen 1.000 V~ und 380.000 V~ (1 kV – 380 kV). Hierunter fallen alle Überlandhochspannungsfreileitungen und die Verteilernetze in Ballungsräumen bzw. die Einspeisungen für Großverbraucher (z.B. Industriebetriebe). Auch elektrische Anlagen mit Gleichspannungen mit einer Spannungshöhe von mehr als 1.500 V = fallen in den Bereich der Hochspannung. Im Bereich von Hochspannungsanlagen sind folgende Schutzabstände einzuhalten:

Tabelle 3: Mindestabstände zu spannungsführenden Bauelementen (Hochspannung)

Spannungsgröße	Abstand Leitersatz/Rettungskorb ↔ Spannungsquelle
>1.000 V~ bis 110.000 V~	3 m
>110.000 V~ bis 220.000 V~	4 m
>220.000 V~ bis 380.000 V~	5 m
(Quelle: Werft)	

Abbildung 32:
Die Leitungen verlaufen in einem Industriegebiet an der Straße entlang bzw. direkt über Gebäuden hinweg und stellen im Einsatzfall (z.B. Brandbekämpfung mit Wenderohr) insbesondere nachts bei fehlender Beleuchtung eine große Gefahr dar. (Quelle: Werft)

Bei der Einhaltung des Schutzabstandes müssen auch kurzzeitig mögliche Unterschreitungen des Abstandes durch Schwingungen des Leitersatzes einkalkuliert werden, z.B. durch einwirkende Windkräfte, durch in den Rettungskorb einsteigende Personen oder durch aus dem Rettungskorb heraus verrichtete Arbeiten (z.B. mit Kettensägen). In solchen Fällen ist ggf. ein größerer Sicherheitsabstand notwendig. Gleiches gilt für windbedingte Schwingungen der Leitungen selbst, z.B. bei Hochspannungsfreileitungen.

Hinweis: Bei unbekannter Höhe der Spannung ist mit dem Leitersatz bzw. dem Rettungskorb generell ein Schutzabstand von mindestens 5 m zur Leitung einzuhalten!

■ Spannungstrichter

Bei Kontakt des Leitungsendes einer abgerissenen Hochspannungsleitung mit dem Erdboden ist ein Schutzabstand von mindestens 20 m im Radius kreisförmig um die Kontaktstelle herum einzuhalten. Berührt ein abgerissenes Leitungsende einen elektrisch leitfähigen Gegenstand (z.B. Metallgeländer, Metallzaun, Gerüst, etc.), ist von diesem Gegenstand ebenfalls ein Schutzabstand von mindestens 20 m einzuhalten.

Durch ein am Boden liegendes Leitungsende wird das umgebende Erdreich unter Spannung gesetzt, es wird zum elektrischen Leiter. Die Größe der Spannung baut sich mit zunehmendem Abstand von der Einleitungsstelle ab, es bildet sich ein sogenannter **Spannungstrichter** aus.

Bei Betreten des unter Spannung stehenden Bereichs um die Kontaktstelle herum werden durch die Schritte Bereiche unterschiedlich hoher Spannungswerte („Potentiale“) überbrückt. Diese Spannungsdifferenz wird auch als sogenannte Schrittspannung bezeichnet. Sie erzeugt einen Stromfluss durch die Beine und den Körper der sich im Gefahrenbereich bewegenden Person, welcher tödliche Folgen haben kann.

Gleiches gilt für die Berührung einer Hochspannungsleitung (Wechselspannung) mit der Drehleiter. Durch den Kontakt bildet der Leitersatz der Drehleiter eine Spannungsbrücke, über die ein Stromfluss in Richtung Erde

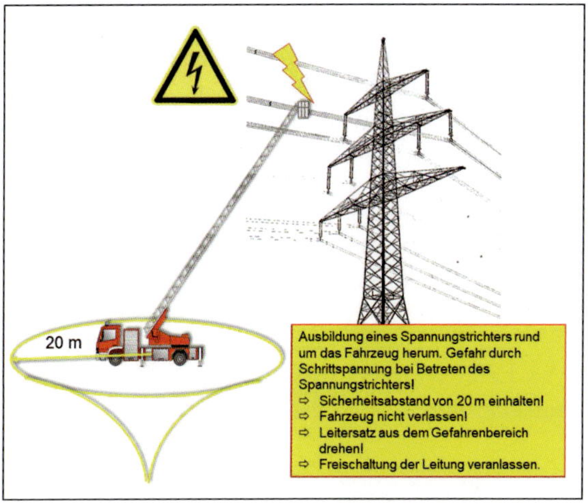

Abbildung 33: Spannungstrichter und Schrittspannung im Bereich einer am Boden aufliegenden Hochspannungsleitung (Quelle: Hans Kemper)

entstehen kann. Der Strom fließt in diesem Fall über den Leitersatz, das Fahrgestell und die Abstützungen in den Erdboden der Standfläche ab. Um die Bodendruckplatten der Abstützzylinder bzw. Abstützbalken herum bildet sich der vorstehend beschriebene Spannungstrichter aus. Daher ist in einem solchen Fall der oben genannte Schutzabstand von 20 m im Radius um das gesamte Fahrzeug herum einzuhalten.

Bei Kontakt des Leitersatzes bzw. des Rettungskorbes mit einer Hochspannungsfreileitung mit unbekannter Spannungsgröße ist von der Drehleiter ein Schutzabstand von 20 m im Radius um das Fahrzeug herum einzuhalten.

Gerät der Leitersatz der Drehleiter trotz aller Vorsichtsmaßnahmen in Kontakt mit einem unter Spannung stehenden Gegenstand, sind folgende Verhaltensregeln einzuhalten:

- Wenn möglich, Kontaktunterbrechung durch Drehen, Aufrichten, Neigen oder Einfahren des Leitersatzes (ggf. mit Notbetrieb!)
- Hauptbedienstand bzw. Fahrzeugpodium nicht verlassen (Gefahr des Stromflusses über den Körper beim Absteigen vom Fahrzeug!)

- Einsatzkräfte im Umfeld des Fahrzeugs warnen und auf die Einhaltung des oben genannten Schutzabstandes von 20 m um die Drehleiter herum hinweisen (ggf. Warnung über Einsatzstellenfunk)
- Freischaltung der Hochspannungsleitung veranlassen (ggf. über Einsatzstellenfunk)

Bei Kontakt des Leitersatzes oder Rettungskorbes mit einer Wechselspannungsquelle fließt der Strom von der Spannungsquelle zur Erde hin ab. Es bildet sich ein Stromkreis aus. Der Stromfluss am Fahrzeug nimmt dabei folgenden Weg:

Rettungskorb → Leitersatz → Lafette/Drehgestell → Podium/Abstützungen → Abstützungen/Bodendruckplatten → Erdboden/Standfläche.

Abbildung 34: Weg des Stromflusses über die Drehleiter bei Berührung des Leitersatzes bzw. des Rettungskorbes mit einer Spannungsquelle (beispielhafte Darstellung). (Quelle: Werft)

Auch bei Unterlegen der Unterlegplatten wird ein ausreichender Erdschluss zwischen Fahrzeug und Erdboden sichergestellt, da die Unterlegplatten elektrisch leitfähig sind (umlaufendes Metallband).

Verlässt nun beispielsweise der Drehleitermaschinist das Fahrzeug über die Aufstiegsleiter am Podium und hält er sich während des Abstiegs vom Fahrzeug mit einer Hand am Fahrzeug fest, überbrückt er mit seinem Körper die Trennung zwischen Fahrzeug und Erdboden. Daraus resultiert ein Stromfluss über den Körper der Einsatzkraft. Der Strom nimmt außer dem oben beschriebenen Weg nun parallel noch folgenden Weg:

Rettungskorb → Leitersatz → Lafette/Drehgestell → Podium/Einsatzkraft → Erdboden/Standfläche.

Es entsteht eine Parallelschaltung, bei der der Strom über zwei Wege in Richtung Erdboden abfließt: über die Abstützungen und über den Körper der Einsatzkraft. Hierbei kann die Stromstärke, die über den Körper der Einsatzkraft fließt, groß genug sein, um tödliche Verletzungen zu verursachen.

Wenn das Verlassen des Fahrzeuges im Notfall notwendig ist (z.B. bei Brandentwicklung), sollten folgende Punkte beachtet werden:

- Beim Absteigen/Aussteigen Fahrzeug und Erdboden nicht parallel berühren,
- Abspringen vom Fahrzeug, ohne an Fahrzeughaltegriffen Halt zu suchen,
- Entfernen vom Fahrzeug in möglichst kleinen Schritten, um die Schrittspannung möglichst klein zu halten.

■ Anwendung der 5 Sicherheitsregeln

Als weitere Schutzmaßnahme bei Einsätzen im Bereich elektrischer Anlagen ist die Anwendung der 5 Sicherheitsregeln zu beachten. Bei Einsätzen, bei denen Gefahren durch spannungsführende Anlagen vorliegen, müssen zunächst – soweit möglich – die folgenden Maßnahmen durchgeführt werden, bevor mit den Einsatztätigkeiten begonnen werden kann.

Die 5 Sicherheitsregeln:

- Freischalten
- Gegen Wiedereinschalten sichern
- Spannungsfreiheit prüfen
- Erden und Kurzschließen
- Benachbarte spannungsführende Teile abdecken oder abschranken

Nachfolgend sollen nur die Sicherheitsregeln beschrieben werden, die in der Einsatzpraxis durch Einsatzkräfte durchführbar sind.

Freischalten

Vor allen anderen Tätigkeiten müssen bei Vorliegen einer Gefahr von Elektrizität für Einsatzkräfte und betroffene Personen vorrangig die spannungsführenden Elemente und/oder Bauteile einer elektrischen Anlage spannungslos geschaltet werden. Bei einer Wechselspannung bis 1.000 V (z.B. Niederspannung 400 V) kann dies durch fachlich geeignete Einsatzkräfte erfolgen, bei Wechselspannung über 1.000 V (Hochspannung) dürfen dies nur entsprechend autorisierte Fachkräfte ausführen, z.B.:

- Betreiber des örtlichen ÖPNV (z.B. für Straßenbahnoberleitung)
- Energieversorgungsunternehmen (EVU) oder Netzbetreiber der Hochspannungsnetze
- Örtliche Netzbetreiber wie beispielsweise städtische Werke
- Deutsche Bahn (für bahneigenes Hochspannungsnetz).

Die Feuerwehrleitstelle bzw. der Einsatzleiter vor Ort muss sich nach durchgeführter Freischaltung vor der Einleitung von Rettungsmaßnahmen oder Arbeiten die Bestätigung der freischaltenden Stelle über die Spannungsfreiheit der gefährdenden Leitungen bzw. Bauelemente einholen. Auch die Sicherung gegen Wiedereinschalten obliegt den oben genannten Stellen.

Erden und Kurzschließen

Nach Freischaltung der elektrischen Anlage von der Spannung verbleibt bei Hochspannungsanlagen eine Restspannung innerhalb der Leitungen, deren

Höhe von unterschiedlichen Umgebungsfaktoren bestimmt wird. Um diese vorhandene Restspannung abzubauen, wird die Anlage über eine elektrisch leitfähige Verbindung mit der Erde verbunden. Diesen Vorgang nennt man kurzschließen, da vorsätzlich eine direkte Verbindung zwischen elektrischem Leiter und der Erde (Masse) ohne die Zwischenschaltung eines Wiederstandes (z.B. Verbraucher) hergestellt wird.

Die Durchführung einer solchen Erdung ist im Prinzip nur im Bereich des öffentlichen Nahverkehrs für Einsatzkräfte durchführbar. Hierfür werden geeignete Erdungsvorrichtungen benötigt, die beispielsweise von den Notfalldiensten der Unternehmen im ÖPNV oder den oben aufgeführten Stellen vorgehalten werden. Die für die Erdung von Oberleitungen der Netze des öffentlichen Personennahverkehrs benötigten Erdungseinrichtungen können aber bei der örtlichen Feuerwehr vorgehalten werden (z.B. auf der Drehleiter). In diesem Fall müssen allerdings die Einsatzkräfte der Feuerwehr in der Anwendung dieser Werkzeuge eingewiesen sein. Diese Unterweisung ist jährlich zu wiederholen.

Ein weiterer Aspekt der Erdung ist die absichtliche Herbeiführung eines Kurzschlusses im Falle einer versehentlichen vorzeitigen Wiederaufschaltung der Spannung auf die elektrische Anlage. In diesem Fall stellt die Erdungseinrichtung eine Zwangserdung dar, durch die im Falle einer vorzeitigen Wiederaufschaltung der Spannung ein Kurzschluss herbeigeführt wird. Dieser löst in einem vorgeschalteten Anlagenelement (z.B. Unterwerk, Trafostation) die Sicherungseinrichtung des betroffenen Stromkreises aus, die nachfolgende Anlagenelemente spannungsfrei schaltet.

Sicherheit ⇨ Kontrolle der Einsatzstelle auf mögliche Gefahren nach dem Schema der Gefahrenmatrix für den Feuerwehreinsatz.

5.6 Selbstkontrolle und Testfragen

(Lösungen siehe Seite 112)

1. Wovon hängt die Qualität der Standfläche einer Drehleiter ab?

a) Von der Neigung in Längs- und/oder Querrichtung
b) Von der Oberflächenbeschaffenheit
c) Von der verfügbaren Flächengröße
d) Von der Tragfähigkeit des Untergrundes

2. Welche Maßnahmen sind auf geneigten Standflächen notwendig?

a) Unterschieben der Fahrzeugkeile unter die belastete Achse
b) Ausfahren der Abstützungen auf maximale Abstützbreite
c) Unterlegen von Schlauchbrücken unter die Bodendruckplatten

3. Welche Untergründe sind als Standfläche ungeeignet?

a) Graben- und Böschungsränder
b) Schacht- und Kanaldeckel in Straßen
c) Auf Magerbeton verlegte gepflasterte Gehwege
d) Durch Löschwasser oder Regen aufgeweichte Grasnarben

4. Welche Maßnahmen können bei nicht ausreichend tragfähigem Untergrund ergriffen werden?

a) Unterlegen von Baudielen unter die Bodendruckplatten
b) Aufschütten von Schotter oder Kies auf die Standfläche
c) Unterlegen der Unterlegklötze unter die Abstützungen

5. Wo besteht eine Gefährdung durch Elektrizität?

a) Einsätze im Bereich von Hochspannungsanlagen
b) Einsätze an Gebäuden mit Dachständereinspeisungen
c) Einsätze im Bereich elektrischer Oberleitungen
d) Einsätze an Gebäuden mit Photovoltaikanlage

6. Welcher Mindestabstand ist bei dem Einsatz von Drehleitern bei einer bekannten Spannung bis 220.000 V einzuhalten?

a) 2 m
b) 3 m
c) 4 m
d) 5 m

7. Welche Bedeutung hat die HAUS-Regel?

a) Regelung der Einweisung einer Drehleiter an einem Wohnhaus
b) Erleichterung der Einweisung der Drehleiter an der Einsatzstelle
c) Regelung des Ablaufs der Fahrzeugaufstellung unter Berücksichtigung von Hindernissen, Abständen, Untergrund und Sicherheitsaspekten

6 Einsatztaktik

In diesem Kapitel sollen die wesentlichen Aspekte der Einsatztaktik im Drehleitereinsatz erläutert werden. Dabei soll auf folgende Gesichtspunkte eingegangen werden:

- Anfahrt zum Einsatzobjekt bzw. zur Einsatzstelle
- Fahrzeugeinweisung
- Fahrzeugaufstellung an der Einsatzstelle (Abstände zum Einsatzobjekt, Abstände zu anderen Fahrzeugen)
- Anleiterarten
- Alternative Anleiterarten
- Anleitern unter beengten Platzverhältnissen an der Einsatzstelle.

Hinweis: Die Begriffe der Anleiterarten orientieren sich dabei teilweise an den von drehleiter.info definierten Begrifflichkeiten, die sich in den vergangenen Jahren in der Aus- und Fortbildung bewährt haben.

6.1 Anfahrt an die Einsatzstelle bzw. an das Einsatzobjekt

Um die Drehleiter bei einer Menschenrettung oder zur Brandbekämpfung im Rahmen eines Brandeinsatzes effektiv einsetzen zu können, ist eine geordnete Anfahrt und die richtige Fahrzeugaufstellung an der Einsatzstelle unerlässlich. Da die Drehleiter meistens innerhalb des Zugverbandes fährt, ist bei der Anfahrt an das Einsatzobjekt (z.B. Wohngebäude) zu berücksichtigen, dass die ersten Einsatzfahrzeuge (z.B. HLF/LF) über die Einsatzstelle hinausfahren. Alle vor der Drehleiter fahrenden Fahrzeuge müssen so weit am Einsatzobjekt vorbeifahren, bis eine ausreichende Aufstell- und Rangierfläche für die Drehleiter direkt vor dem Einsatzobjekt entsteht. Das lässt sich beispielsweise dadurch erreichen, dass das unmittelbar vor der Drehleiter fahrende Fahrzeug mindestens eine Fahrzeuglänge am Einsatzobjekt vorbeifährt.

Die Drehleiter wird so vor dem Gebäude positioniert, dass möglichst alle Rettungsöffnungen des Gebäudes (z.B. Fenster) mit dem Rettungskorb von einem Standplatz aus erreicht werden können.

Ein ausreichender **Bewegungsraum zum Rangieren** ist insbesondere in engen Straßen mit vielen Hindernissen (z.B. geparkte Fahrzeuge, Bäume, etc.) wichtig. Hier muss u.U. der Leitersatz zwischen Bäumen und Ästen hindurchbewegt werden, um das Anleiterziel zu erreichen. Dafür muss ggf. der Abstand der Drehleiter vom Gebäude durch Rangieren auf der Fahrbahn entsprechend angepasst werden, um den notwendigen Aufricht- und Drehwinkel für den Leitersatz zu erzielen. Möglicherweise muss auch die Fahrzeuglängsachse von der Gebäudeachse weggedreht werden.

Bei der Aufstellung der Fahrzeuge vor dem Gebäude ist auf einen ausreichenden Abstand zwischen den Fahrzeugen des Zugverbandes zu achten.

Zwischen erstem Löschfahrzeug (oder sonstigem vorausfahrendem Fahrzeug) und Drehleiter ist ein Mindestabstand von 7,00 m einzuhalten, um die Entnahme der tragbaren Leitern vom Fahrzeugdach des Löschfahrzeuges zu ermöglichen (z.B. bei notwendiger paralleler Menschenrettung über tragbare Leitern an der Gebäuderückseite bzw. in einem Hinterhof).

Weiterhin ist dieser Abstand notwendig, um bei Drehleitern mit Gelenkarm den Rettungskorb vor der Drehleiter durch Absenken des Gelenkarmes absetzen zu können (z.B. für den sicheren Ausstieg geretteter Personen).

Zwischen **Drehleiter und dem nachfolgenden Einsatzfahrzeug muss ein Mindestabstand von 10,00 m** eingehalten werden, um das Ablegen des Leitersatzes über das Heck der Drehleiter zu ermöglichen. Dies ist bei Drehleitern ohne Gelenkarm notwendig, um beispielsweise gerettete Personen sicher aus dem Rettungskorb aussteigen zu lassen.

Einsatzgrundsätze bei der Anfahrt an das Einsatzobjekt:

- Abstände im Zugverband auf dem letzten Streckenabschnitt vor dem Einsatzobjekt mindestens 10,00 m zwischen den einzelnen Fahrzeugen (z.B. HLF-DLAK-HLF).
- Abstand vorausfahrendes Fahrzeug ↔ DLAK mind. 7,00 m (Entnahme tragbarer Leitern vom Fahrzeugdach des HLF, Absenken des Rettungskorbes vor dem Fahrerhaus bei Drehleitern mit Gelenkarm)
- Bei DLAK ohne Gelenkarm: Abstand DLAK ↔ nachfolgendes Fahrzeug mind. 10,00 m (z.B. Ablegen des Leitersatzes nach hinten für sicheren Ausstieg geretteter Personen, Anbau von Wenderohr)

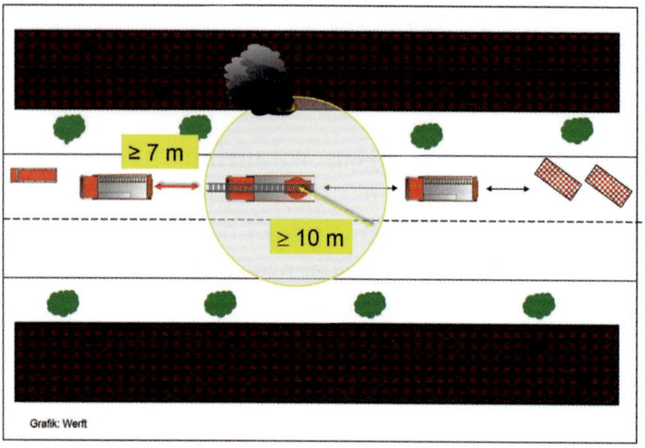

Abbildung 35: Fahrzeugaufstellung in Zugformation mit ELW, LF 1, DLK und LF 2 am Beispiel eines Bandeinsatzes in einem Gebäude in geschlossener Reihenwohnbebauung. (Quelle: Werft)

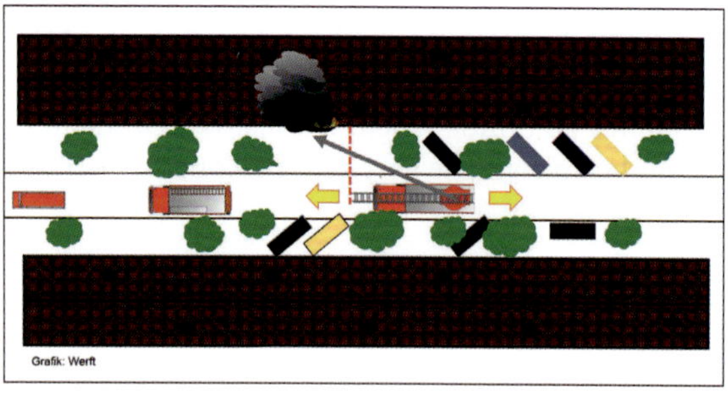

Abbildung 36: Fahrzeugaufstellung unter Berücksichtigung der Freihaltung eines Rangierraumes für die Drehleiter in Straßen mit vielen Hindernissen (geparkte Fahrzeuge, Straßenbäume, etc.). (Quelle: Werft)

Liegt das Einsatzobjekt am Ende einer Sackgasse oder innerhalb einer beengten Straße, sollte die Drehleiter als erstes Fahrzeug in die Straße einfahren. Damit wird gewährleistet, dass die Drehleiter direkt vor dem Einsatzobjekt positioniert werden kann und – wenn notwendig – noch ausreichend Rangierfreiraum zur Verfügung hat. Weitere Fahrzeuge können ggf. nachfolgen.

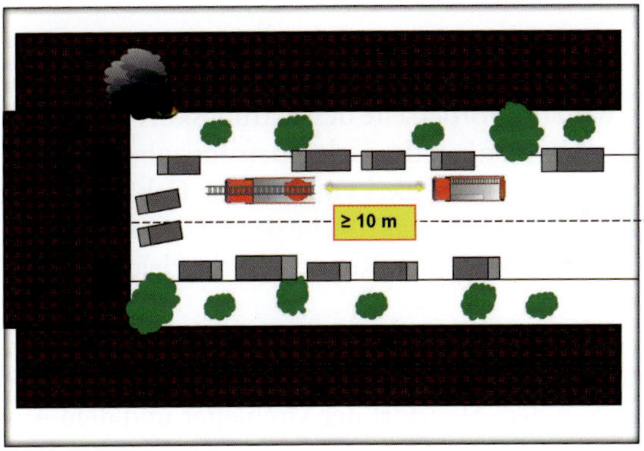

Abbildung 37: In beengte, verkehrsberuhigte Straßen oder Sackgassen sollte die Drehleiter als erstes Fahrzeug einfahren. Dies gilt insbesondere bei eingeschränkten Platzverhältnissen durch parkende Fahrzeuge. (Quelle: Werft)

Werden an der Einsatzstelle zwei Drehleitern benötigt (z.B. Bildung von beidseitigen Riegelstellungen bei einem Dachstuhlbrand), muss die Reihenfolge der Einfahrt der Fahrzeuge in die Straße mit dem Einsatzobjekt festgelegt werden. Möglicherweise ist es in einem solchen Einsatzfall sinnvoll, zunächst die erste Drehleiter, gefolgt von einem Löschfahrzeug und der zweiten Drehleiter einfahren zu lassen. Bei einer zeitlich versetzten Eintreffzeit der beiden Drehleitern muss ggf. ein Freiraum und eine Zufahrtsmöglichkeit für die später eintreffende Drehleiter freigehalten werden.

Hinweis: In Sackgassen oder beengte Straßen mit begrenztem Entwicklungsraum Drehleiter als erstes Fahrzeug einfahren lassen. Nachfolgen der restlichen Einsatzfahrzeuge nach Bedarf.

6.2 Anleiterarten[1]

Es lassen sich drei grundsätzliche Anleiterarten unterscheiden, welche hinsichtlich ihrer Begrifflichkeit von drehleiter.info definiert wurden. Diese Grundanleiterarten sind:

- Frontal
- Horizontalflucht
- Vertikalflucht

Bei der Anleiterart **„Frontal"** wird die Vorderseite des Rettungskorbes parallel auf das Anleiterziel (z.B. Fenster, Balkon) an der Gebäudefront zubewegt. Der Leitersatz befindet sich hierbei in einem Winkel von 90° zur Gebäudefront. Auf diese Weise wird die größtmögliche Kontaktfläche der Korbfront mit der Gebäudefront erreicht, was den Zustieg in den Rettungskorb erleichtert.

Bei der Anleiterart **„Horizontalflucht"** befindet sich das Anleiterziel (z.B. Fenster, Balkon) etwas zurückversetzt von der äußersten (am nächsten liegenden) Gebäudefront. Zwischen dem Standort der Drehleiter und dem Anleiterziel (z.B. in der Dachfläche etwas zurückversetztes Dachgiebelfenster) befindet sich ein Hindernis, welches mit dem Leitersatz umfahren werden muss. Beispiele für solche Hindernisse sind die Dachtraufe des Satteldachs eines Wohngebäudes oder ein vorgelagerter Gebäudeanbau.

Abbildung 38:
Anleitern in „Horizontalflucht" an ein Gebäude. Zwischen dem Fahrzeug (Drehkranzmitte) und dem Anleiterziel (Dachfirst) liegen zwei Hindernise in Form von vorgelagerten Dachkanten. (Quelle: Werft)

[1] Siehe hierzu auch: HAUS-Regel; Unger, Beneke; Version VIII vom 15.03.2020

Abbildung 39:
„Frontales" Anleitern an ein Wohngebäude. Die Drehleiter steht mittig vor dem Einsatzobjekt, eine große Anzahl von Rettungsöffnungen können erreicht werden (grüne Fläche). (Quelle: Werft)

Die Anleiterart **„Vertikalflucht"** ist dadurch gekennzeichnet, dass an einem Anleiterziel (z.B. Fenster, Balkon) an einer von der Straße wegfliehenden Gebäudefront (z.B. linke oder rechte Gebäudeseitenfront) angeleitert werden soll. Hier wird der Leitersatz parallel zu der fliehenden Gebäudefront ausgefahren. Dabei muss ein seitlicher Mindestabstand von 1,00 m vom Gebäude gehalten werden, um auch bei großer Ausladung noch alle Rettungsöffnungen der Gebäudefront erreichen zu können. Der seitliche Mindestabstand kompensiert dabei den seitlichen Überstand des Rettungskorbes über den Leitersatz (*siehe auch nachfolgendes Kapitel 6.4*).

Abbildung 40:
Anleitern in „Vertikalflucht" an ein Gebäude. Im Idealfall können nahezu alle Rettungsöffnungen des Gebäudes mit der rechten Seite des Rettungskorbes erreicht werden. (Quelle: Werft)

Abbildung 41:
Kombination aus „Vertikalflucht“ (gelb markierte Gebäudefläche) und „Horizontalflucht“ (Dachkante). In diesem Fall sollten noch der Dachfirst und die drei Dachgiebelfenster erreicht werden. (Quelle: Werft)

Im Einsatzfall können sich auch Abwandlungen und Kombinationen dieser Anleiterarten ergeben. Nachfolgend werden diese Begriffe bei der Beschreibung der Positionierung und der möglichen Anleitervarianten wieder aufgegriffen.

6.3 Positionierung der Drehleiter an der Einsatzstelle

Bei der Positionierung der Drehleiter vor dem Einsatzobjekt (z.B. Wohngebäude) ist eine möglichst parallele Lage der Rettungskorbvorderseite zum Objekt anzustreben. Damit lässt sich das Einsatzobjekt in einem 90°-Winkel anleitern, wodurch sich im Idealfall alle Rettungsöffnungen der der Straße zugewandten Gebäudefront mit dem Leitersatz erreichen lassen. Bei Gebäuden an Straßen im innerstädtischen Bereich wird somit das Fahrgestell der Drehleiter meist parallel zur Gebäudekante stehen, insbesondere bei Gebäuden in geschlossener Reihenwohnbebauung.

Wenn auch alle Rettungsöffnungen (z.B. Fenster, Balkone) in den unteren Geschossen des Einsatzobjektes mit dem Rettungskorb erreicht werden müssen, muss bei der Fahrzeugaufstellung ein Mindestabstand zum Gebäude eingehalten werden, um die benötigte **minimale Rettungshöhe** zu erreichen.

Abbildung 42: Abstandswert für die minimale Rettungshöhe (z.B. Rettung mittels Krankentragenlagerung aus dem 1. OG). (Foto: Werft)

Bei der Drehung des Leitersatzes um 90° zum Gebäude hin benötigt der eingefahrene Leitersatz bei einem Aufrichtwinkel von 0° einen **Abstand von 9,00 m,** gemessen ab Drehkranzmitte (DKM), zur Gebäudekante. Dieser Abstandswert stellt einen Standardwert dar, der für alle Drehleitern aller Hersteller und Baujahre gilt.

Wenn eine Rettung aus den oberen Geschossen eines hohen Gebäudes durchgeführt werden muss oder durch einen Außenangriff bei einem Wohnungsbrand der Flammenüberschlag auf das nächste Obergeschoß verhindert werden soll, ist ggf. die **maximale Rettungshöhe** der Drehleiter notwendig. Um diese erreichen zu können, muss ein **Abstand von 7,00 m,** gemessen von der Drehkranzmitte, zum Gebäude eingehalten werden. Auch bei diesem Wert handelt es sich um einen Standardwert. Dadurch lässt sich unter optimalen Voraussetzungen auch das 11. OG eines Hochhauses erreichen (bei EG tatsächlich auf Erdgleiche). In der Regel kann aber das **10. OG** mit dem Rettungskorb erreicht werden, um eine Rettung zu ermöglichen. Dabei beträgt der Aufrichtwinkel des Leitersatzes dann 75°.

Auch hier kann der genaue Abstandswert der am Standort vorhandenen Drehleiter von dem vorstehend genannten Standardwert abweichen und sollte daher ausgemessen werden.

Abbildung 43:
Abstandswert für die maximale Rettungshöhe. Bei entsprechender Positionierung der Drehleiter kann bei idealen Voraussetzungen maximal das 11. OG erreicht werden. Generell möglich ist bei diesem Abstand die Erreichung des 10. OG. (Quelle: Werft)

Abbildung 44:
Positionierung der Drehleiter zum Anleitern einer schwer erreichbaren Dachgaube und unter beengten Platzverhältnissen. Die Ausrichtung des Hubrettungssatzes erfolgt über den Referenzpunkt „Drehkranzmitte". Die Position des Fahrgestells zum Gebäude kann dadurch an die örtlichen Platzverhältnisse angepasst werden. (Quelle: Werft)

Der Vorteil der Drehkranzmitte als Referenzpunkt für die Abstandsmessung (*siehe Kap. 5.6.2*) ist auch hier die Tatsache, dass dabei die Stellung des Fahrgestells zum Gebäude (parallel, gedreht, frontale oder rückwärtige Anfahrt des Gebäudes) keine Rolle spielt. Auch bei Anleitern zweier Gebäudeseiten über die Gebäudeecke erleichtert die Messung der oben genannten Abstände von der Drehkranzmitte aus die effektivste Position der Drehleiter an der Gebäudeecke.

Hinweis: Die Werte für die vorstehend genannten Standardwerte der Abstände für minimale Rettungshöhe und maximale Rettungshöhe wurden nach entsprechenden Versuchen und Recherchen von Drehleiter.info ermittelt und sind in der „HAUS-Regel“[1] zu finden.

6.4 Fahrzeugpositionierung an Eckgebäuden/ freistehenden Gebäuden

Bei einem Einsatzobjekt, das über zwei Straßen zugänglich ist (z.B. Eckgebäude) kann die Aufstellung der Drehleiter an einer der Gebäudeecke sinnvoll sein. So kann man sich beispielsweise einen taktischen und zeitlichen Vorteil verschaffen, wenn die Lage bei Eintreffen unübersichtlich ist, z.B. nächtlicher Kellerbrand in einem Wohngebäude mit verrauchtem Treppenraum aufgrund offenstehender Kellertüre.

Der Versuch der Eigenrettung durch das bekannte Treppenhaus ist aufgrund der Verrauchung nicht möglich. Die Bewohner flüchten in ihre Wohnung zurück und schließen möglicherweise die Türe nicht mehr hinter sich, die Wohnungen verrauchen ebenfalls, die Bewohner geraten in Gefahr.

In einem solchen Fall kann durch eine überlegte Positionierung die Voraussetzung geschaffen werden, im Fall einer notwendigen Menschenrettung die Gebäudefronten an den beiden Zufahrtsstraßen von einem Standplatz aus zu erreichen.

[1] Siehe auch „HAUS-Regel“, Jan Ole Unger, Nils Beneke; Ausgabe 7 vom 15.03.2015

Abbildung 45:
Beispiel für Fahrzeugaufstellung an einer Gebäudeecke. Um alle Rettungsöffnungen in der Tiefe der Gebäudefassade erreichen zu können, ist ein Abstand von ca. 1,00 m zwischen Drehkranzmitte und Gebäudewand erforderlich (seitlicher Überstand Rettungskorb). (Quelle: Werft)

Auch für die Sicherstellung einer schnellen Rettung der im Innenangriff eingesetzten Einsatzkräfte ist diese Anleitervariante sinnvoll, da hierdurch eine Vielzahl von möglichen Rettungsöffnungen durch eine Drehleiter abgedeckt werden kann.

Abbildung 46:
Beispiel für Fahrzeugaufstellung an einer Gebäudeecke. Anleitern der parallel zur Fahrzeuglängsachse verlaufenden straßenseitigen Gebäudeflucht über das Fahrerhaus. (Quelle: Werft)

Bei der Positionierung der Drehleiter an einer Gebäudeecke wird die Drehkranzmitte mit der Gebäudeflucht, welche von der Längsachse der Drehleiter wegführt, in Deckung gebracht. Dabei ist der seitliche Überstand des Rettungskorbes bei ausgefahrenem Leitersatz mit einzukalkulieren und ein Abstand von 1,00 m zwischen Drehkranzmitte und Gebäudekante einzuhalten, um den seitlichen Korbüberstand am Leitersatz zu kompensieren. So lassen sich auch weiter entfernte Rettungsöffnungen in der Vertikalflucht bis zur Benutzungsgrenze sicher erreichen.

Sollen auch hier die unteren Rettungsöffnungen der Gebäudefront parallel der Fahrzeuglängsachse erreicht werden (= minimale Rettungshöhe), so muss auch zu dieser Gebäudekante ein Mindestabstand von 9,00 m, gemessen zwischen Drehkranzmitte und Gebäudekante, eingehalten werden (*siehe*

Abb. 47 a und b:
Beispiel für Fahrzeugaufstellung an einer Gebäudeecke, Anleitern über Fahrzeugfront und Fahrzeugflanke. Von einem Standplatz aus können zwei Gebäudeseiten erreicht werden. (Quelle: Werft)

auch Kap. 6.3). Dadurch wird allerdings die Ausladung in der Vertikalflucht an der zweiten (vom Fahrzeug wegführenden) Gebäudeseite verringert. Hier muss entschieden werden, welche Rettungsöffnungen an beiden Gebäudeseiten die oberste Priorität hinsichtlich ihrer Erreichbarkeit haben.

Je nach Positionierung der Drehleiter vor dem Gebäude kann die parallel zur Fahrzeuglängsachse liegende Gebäudefront entweder über das Fahrerhaus oder das Fahrzeugheck angeleitert werden. Bei entsprechenden Platzverhältnissen vor dem Einsatzobjekt kann die Drehleiter auch schräg im 45°-Winkel an der Gebäudeecke positioniert werden. Dadurch entsteht durch den Wegfall der Einschränkungen über und seitlich des Fahrerhauses ein größeres Benutzungsfeld und der Rettungskorb lässt sich besser am Boden absetzen.

6.5 Anleitervarianten am Einsatzobjekt

Je nach Einsatzlage, Art des Einsatzobjektes und den örtlichen Platzverhältnissen im Umfeld des Einsatzobjektes sind drei unterschiedliche Anleitervarianten am Objekt möglich:

- Anleitern über die Fahrzeugflanken links/rechts mit Drehen des Leitersatzes um 90° zur Fahrzeuglängsachse
- Anleitern in spitzem Winkel zur Fahrzeugflanke bzw. Anleitern über Fahrerhaus
- Anleitern über Fahrzeugheck

Soweit möglich, sollte über die Fahrzeugflanken angeleitert werden, unter beengten Platzverhältnissen ist jedoch ggf. eine andere Anleitervariante erforderlich.

6.5.1 Anleitern über Fahrzeugflanke

Bei dieser Anleitervariante steht die Drehleiter in der Regel mit ihrer Fahrzeuglängsachse parallel zum Einsatzobjekt, der Leitersatz wird um 90° zur Fahrzeuglängsachse zur Seite gedreht.

Bei Platzierung der Drehleiter vor der Mitte des Gebäudes können im Idealfall alle Rettungsöffnungen mit dem Rettungskorb erreicht werden. Lassen es die Platzverhältnisse vor dem Einsatzobjekt zu, sollte der Mindestabstand von 9,00 m, gemessen zwischen Drehkranzmitte und Gebäudekante, eingehalten werden. Dadurch ist die Erreichbarkeit der Rettungsöffnungen des 1. Obergeschosses gewährleistet.

Die Drehleiter sollte so positioniert werden, dass die Abstützungen auf der belasteten (dem Einsatzobjekt zugewandten) Fahrzeugseite auf die maximale Ausfahrlänge ausgefahren werden können.

Abbildung 48: Anleitern des Einsatzobjektes über die Fahrzeugflanke, Leitersatz um 90° zur Fahrzeuglängsachse weggedreht. Erreichbarkeit einer Vielzahl von Gebäudeöffnungen des Einsatzobjektes. (Quelle: Werft)

6.5.2 Anleitern des Einsatzobjektes über Fahrerhaus oder Fahrzeugheck

Wenn aufgrund von beengten Platzverhältnissen auf der Verkehrsfläche das Anleitern der unteren Geschosse des Einsatzobjektes nicht möglich ist (z.B. geringe Fahrbahnbreite, geparkte Fahrzeuge oder bauliche Fahrbahneinengungen), muss ggf. eine andere Positionierung des Fahrzeugs erfolgen. In solchen Fällen kann eine Drehung des Leitersatzes um 90° zum Einsatzobjekt hin unmöglich sein, weil der verfügbare Freiraum für den Überstand der Lafette auf der der Einsatzstelle abgekehrten Fahrzeugflanke zu klein ist. Außerdem kann auch der erforderliche Mindestabstand zum Gebäude zu klein sein, um den Leitersatz mit dem Rettungskorb zu den Rettungsöffnungen des 1. OG (und ggf. auch des 2. OG) absenken zu können.

Durch die derzeit stattfindende „Nachverdichtung" von Wohnraum in den Innenstädten und den Vororten und der damit verbundenen verschärften Parksituation muss zukünftig vermehrt mit dem Auftreten derartiger Einschränkungen gerechnet werden.

Hinweis: Mit einer Drehleiter mit Gelenkarm wäre in einer solchen Situation wenigstens das 2. OG erreichbar.

Abbildung 49: Beispiel für beengte Platzverhältnisse. In diesem Fall ist der Abstand zwischen Fahrzeugkante und Einsatzobjekt zu gering, um den Rettungskorb bis auf das 1.OG absenken zu können. (Quelle: Werft)

Daher ist insbesondere mit Standarddrehleitern ohne Gelenkteil eine andere Taktik für die Fahrzeugaufstellung und das Anleitern am Objekt notwendig, dafür bestehen zwei Möglichkeiten:

- Drehleiter über die Einsatzstelle (Einsatzobjekt) hinausfahren → **Anleitern über Fahrzeugheck**
- Drehleiter vor der Einsatzstelle (Einsatzobjekt) stoppen → **Anleitern über Fahrerhaus** der Drehleiter bzw. im spitzen Winkel zur Fahrzeugflanke.

Bei der Anleitermethode **„Anleitern über Fahrzeugheck"** muss die Drehleiter soweit über das Einsatzobjekt hinausgefahren werden, dass mit eingefahrenem Leitersatz noch alle Rettungsöffnungen dieses Gebäudes erreicht werden können (auch das 1. OG). Dafür ist ein Abstand von ca. 7,00 m zwischen dem Fahrzeugheck der Drehleiter und der der Drehleiter am nächsten liegenden Gebäudebegrenzungsmauer (= Übergang zum nächsten Gebäude) erforderlich. Gemessen zwischen Drehkranzmitte und Gebäudebegrenzungsmauer ergibt sich hier ebenfalls ein Abstand von 9,00 m (*siehe auch Kap. 5.6.2*).

Bei einer Fahrzeuglänge von ca. 10,00 m muss daher die Drehleiter mit dem Fahrerhaus ca. 17,00 m an der Einsatzstelle vorbeigezogen werden, um alle Rettungsöffnungen an der gesamten Gebäudefront erreichen zu können. Das wirkt sich auch auf die der Drehleiter voranfahrenden Einsatzfahrzeuge aus, die entsprechend den Platz für die Drehleiter schaffen müssen.

Der Vorteil dieser Variante liegt darin, dass tatsächlich alle Rettungsöffnungen des Einsatzobjektes, abhängig von der Gebäudegröße, mit dem Rettungskorb innerhalb des Benutzungsfeldes mit der maximal möglichen Korbzuladung (z.B. 3-Personen-Benutzungsfeld) der Drehleiter erreichbar sind.

Das liegt daran, dass bis zu einem Winkel von 15° beidseits der Fahrzeuglängsachse das maximale Benutzungsfeld mit der größtmöglichen Korbzuladung zur Verfügung steht – auch bei minimaler Abstützbreite beidseits des Fahrzeuges.

Ein weiterer Vorteil bei dieser Anleitermethode ist der, dass der Rettungskorb hinter dem Fahrzeug auf der Straße abgelegt werden kann, was den sicheren Ausstieg geretteter Personen erleichtert.

Der Platzbedarf an der Einsatzstelle ist jedoch bei dieser Anleitermethode enorm groß. Außerdem muss die Möglichkeit bestehen, den Hubrettungssatz um 180° über das Fahrzeugheck zu drehen, wofür auf wenigstens einer Fahrzeugseite ausreichend Platz für die drehende Lafette des Drehgestells vorhanden sein muss. Hierfür werden 2,00 m Freiraum bis zum nächsten Hindernis benötigt, ein vorhandenes Hindernis in diesem Bereich darf maximal eine Höhe von 1,60 m aufweisen.

Abbildung 50: Bei der Einsatzvariante „Anleitern über Fahrzeugheck“ fährt die Drehleiter zunächst am Einsatzobjekt vorbei. Anschließend wird der Leitersatz um 180° gedreht. Hierdurch können mit dem Rettungskorb alle Gebäudeöffnungen erreicht werden. (Quelle: Werft)

Bei der Anleitermethode **„Anleitern über Fahrerhaus"** wird das Fahrzeug vor dem Einsatzobjekt (z.B. Wohngebäude) gestoppt. Der Boden des eingeklappten Rettungskorbes bildet dabei eine Linie mit der in Fahrtrichtung liegenden ersten Begrenzungsmauer des Einsatzobjektes. Dadurch wird sichergestellt, dass nahezu die gesamte Gebäudefront mit der linken bzw. rechten vorderen Ecke des Rettungskorbes erreicht werden kann.

Abbildung 51:
Bei der Einsatzvariante „Anleitern über Fahrerhaus" bilden der Boden des eingeklappten Rettungskorbes und die Begrenzungsmauer des Einsatzobjektes (gelb) bei der Anfahrt eine Linie. Dadurch lassen sich auch die der Drehleiter nächstgelegenen Gebäudeöffnungen mit dem Rettungskorb erreichen. (Quelle: Werft)

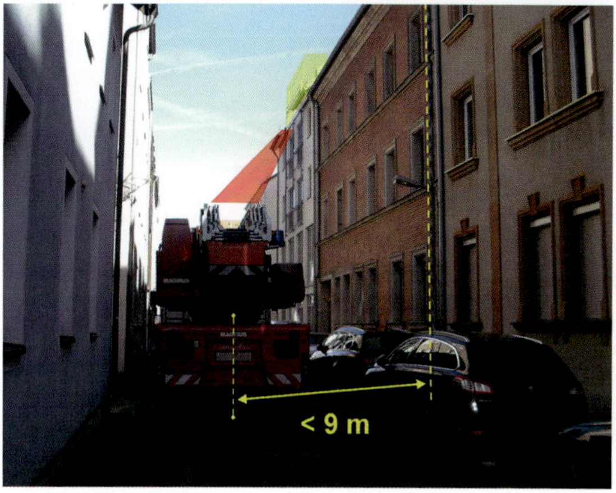

Abbildung 52:
Ist der Abstand zwischen Fahrzeug und Gebäudekante aufgrund beengter Platzverhältnisse in der Straße kleiner als 9 m (gemessen zwischen Drehkranzmitte und Gebäudekante), kann die Rettungsöffnung (gelbe Markierung) über das Fahrerhaus angeleitert werden. (Quelle: Werft)

Dabei werden die Gebäudeöffnungen durch Ausfahren des Leitersatzes über das Fahrerhaus hinaus und ggf. unter geringer Drehung des Leitersatzes über die linke oder rechte Fahrzeugflanke hinweg im spitzen Winkel angefahren.

Einschränkungen bestehen bei der Erreichbarkeit der Rettungsöffnungen im ersten Obergeschoss. Durch die Einschränkung des vertikalen Benutzungsfeldes über dem Fahrerhaus bzw. unmittelbar zu beiden Seiten des Fahrerhauses ist dieses mit dem Rettungskorb nicht zu erreichen. Bei Drehleitern mit Gelenkarm können jedoch auch bei dieser Anleitermethode die Rettungsöffnungen des ersten Obergeschosses erreicht werden, wenn der Gelenkarm abgesenkt wird.

Hinweis: Beim Einsatz von Drehleitern mit Gelenkarm lassen sich auch bei der Anleitermethode „Anleitern über Fahrerhaus" praktisch alle Rettungsöffnungen im 1. Obergeschoss mit dem Rettungskorb erreichen.

Abbildung 53:
Anleitern eines Einsatzobjektes über das Fahrerhaus in einer engen Innenstadtstraße. Die Gebäudeöffnungen im 1. OG sind aufgrund der Einschränkungen des Benutzungsfeldes über dem Fahrerhaus mit dem Rettungskorb nicht erreichbar. (Quelle: Werft)

Abbildung 54: Anleitern eines Einsatzobjektes über das Fahrerhaus in einer engen Innenstadtstraße mit einer Gelenkleiter: auch die Fenster des 1. OG sind erreichbar. (Quelle: Werft)

Die Anleitermethode „Anleitern über Fahrerhaus“ kann auch bei Einsätzen an hohen Gebäuden erforderlich werden, welche mit einer Feuerwehrzufahrt erschlossen sind.

Wenn beispielsweise die Platzverhältnisse in der Feuerwehrzufahrt und/oder der Aufstellfläche vor dem Gebäude durch große Bäume oder Büsche stark eingeschränkt sind, muss ggf. bei zeitkritischen Einsätzen (z.B. Menschenrettung) das Gebäude ebenfalls über das Fahrerhaus angeleitert werden.

Nach Einfahren in die Zufahrt wird das Fahrzeug mit der größtmöglichen Stützbreite abgestützt und anschließend das entsprechende Anleiterziel am Gebäude über das Fahrerhaus angeleitert. Dabei ist die Drehleiter möglichst so auf der befestigten Aufstellfläche zu positionieren, dass auf der dem Einsatzobjekt zugewandten Fahrzeugseite die Abstützung auf ihre maximale Länge ausgefahren werden kann.

Bei der Fahrzeugaufstellung ist der seitliche Überstand des Rettungskorbes über den Leitersatz zu berücksichtigen, es sollte ein Abstand von 1,00 m zwischen Leitersatz und Gebäudewand eingehalten werden. Dadurch kann der Rettungskorb innerhalb der gesamten möglichen Ausfahrlänge des Leitersatzes parallel entlang der Gebäudefassade bewegt werden, wodurch für zu rettende Personen auch der Zustieg in den Korb erleichtert wird.

Abbildung 55:
Beispiel für Anleitern eines Einsatzobjektes über das Fahrerhaus an einem Objekt mit kurzer Feuerwehrzufahrt ⇨ Anfahrt vorwärts bei zeitkritischem Einsatz, Abstand Leitersatz ↔ Gebäudefront ≥ 1,00 m (Quelle: Werft)

6.5.3 Rückwärtige Anfahrt des Einsatzobjektes

Eine Variante der Fahrzeugaufstellung ist das Anfahren des Einsatzobjektes mit dem Fahrzeugheck voran und das anschließende Anleitern des Objektes über die Fahrzeugflanken (links/rechts) oder über das Fahrzeugheck.

Diese Anleitermethode kann ebenfalls wie vorstehend aufgeführt bei Einsätzen in Objekten mit Feuerwehrzufahrt notwendig werden, bei welchen die Aufstellflächen innerhalb der Feuerwehrzufahrten eingeschränkt sind.

Sie kann beispielsweise bei folgenden Situationen zum Einsatz kommen:

- Unklare Einsatzlage zu Beginn des Einsatzes (z.B. Brandeinsatz in räumlich ausgedehntem Wohngebäude mit unbekannter Lokalisation und Anzahl von zu rettenden Personen)
- Notwendigkeit der Ausschöpfung der maximalen Ausladung des Leitersatzes (z.B. Menschenrettung über Krankentragenhalterung oder Flaschenzug mit Schleifkorbtrage)

- Notwendigkeit des Erreichens mehrerer Gebäudefronten von einem Standplatz aus und unter beengten Platzverhältnissen.

Bei der Durchführung der Fahrzeugpositionierung ist ein reibungsloses Zusammenspiel von Einweiser (z.B. Fahrzeugführer) und Drehleitermaschinisten erforderlich, hier kommt dem Einweiser eine besondere Verantwortung als zusätzliches „Auge“ des Drehleitermaschinisten zu. Oftmals verbleibt bei einer Breite der Zufahrt von max. 3,5 m auf beiden Seiten des Fahrzeuges zwischen den Fahrzeugaußenkanten und der Zufahrtsbegrenzung nur wenig Platz zum Rangieren.

Darüber hinaus ist auf weitere Hindernisse wie beispielsweise Verkehrsschilder, Bäume bzw. Buschwerk, Straßenlaternen und parkende Fahrzeuge im Bereich des Fahrzeughecks bzw. des Überstandes des Rettungskorbes über dem Fahrerhaus sowie den Fahrzeugflanken zu achten.

Abbildung 56: Rückwärtige Anfahrt eines Gebäudes über eine beengte Feuerwehrzufahrt. Hierbei muss auf eine Vielzahl möglicher Hindernisse geachtet werden. (Quelle: Werft)

Bei nächtlichen Einsätzen muss ggf. die Zufahrt hinter der rückwärtsfahrenden Drehleiter entsprechend ausgeleuchtet werden. Dabei müssen insbesondere einengende Hindernisse beleuchtet werden, so dass diese vom Maschinisten in den Rückspiegeln erkannt werden können. Hilfreich sind hierbei auch an den Rückspiegeln installierte LED-Rückfahrscheinwerfer.

Abbildung 57: Rückwärtige Anfahrt eines Gebäudes über eine beengte Feuerwehrzufahrt (Luftschächte, Hindernisse, Vegetation, etc.) Bei dieser Aufstellung können große Teile der Gebäudefronten mit maximal möglicher Korbzuladung erreicht werden. Auch die Dachinnenkante kann erreicht werden. (Quelle: Werft)

Abbildung 58: Rückwärtige Anfahrt eines Gebäudes über eine beengte Zufahrt. Würde in diesem Fall das Einsatzobjekt vorwärts angefahren, könnte das Anleiterziel in der Gebäudenische nicht erreicht werden. (Quelle: Werft)

Nachteilig bei dieser Anleitermethode wirkt sich der deutlich erhöhte Zeitaufwand für die Positionierung des Fahrzeuges durch das Rangieren des Fahrzeugs in der Rückwärtsfahrt, insbesondere bei Nacht, aus. Bedingt durch ungünstige Witterungsbedingungen (z.B. Regen, Nebel, Schneefall) kann die Positionierung des Fahrzeugs zusätzlich erschwert sein.

6.5.4 Abstützproblematik auf beengten Verkehrsflächen

Generell ist bei der Aufstellung des Fahrzeugs stets die maximale Abstützbreite anzustreben. Insbesondere auf der dem Einsatzobjekt zugewandten Fahrzeugseite sollten beide Abstützungen auf die maximal mögliche Länge ausgefahren werden. In räumlich beengten Straßen ist dies jedoch aufgrund von Hindernissen nicht immer möglich. Geparkte Fahrzeuge oder andere Hindernisse engen die verfügbare Aufstellfläche auf der Straße oftmals stark ein.

In diesen Fällen können die Abstützungen oftmals nur auf minimale Abstützbreite (Fahrzeugkonturabstützung) ausgefahren werden. Dadurch wird das Benutzungsfeld eingeschränkt, die Ausladungswerte zu beiden Seiten des Fahrzeuges sind reduziert. Bis zu einem Winkel von 15° beidseits der Fahrzeuglängsachse im Front- und Heckbereich des Fahrzeuges kann dabei aber trotzdem die maximale Ausladung des Benutzungsfeldes erreicht werden.

Da in derart beengten Straßen jedoch meist keine großen Ausladungswerte für das Anleitern an die Rettungsöffnungen der Gebäude (z.B. Fenster an der der Straße zugekehrten Gebäudeseite) benötigt werden, reicht hier in der Regel die Abstützung der Drehleiter mit minimaler Abstützbreite für eine Menschenrettung und den Einsatz der Krankentragenhalterung aus. Die notwendigen Ausladungswerte, gemessen zwischen Fahrzeugkante (und damit Außenkanten der Bodendruckplatten der belasteten Abstützungen) und Gebäudefront, variieren hier in den meisten Fällen zwischen ca. 4,00 m und 8,00 m (Breite Gehweg zuzüglich Park- bzw. Grünstreifen).

Die bei Minimalabstützung erreichbaren Ausladungswerte einer DLAK 23-12 des Modelljahres 2015 am Beispiel einer Magirus-Drehleiter M 32 L-AS mit Gelenkarm (vierteiliger Leitersatz, nicht teleskopierbares Gelenkteil) erreichen beim Ausfahren des Leitersatzes über die Fahrzeugflanken sowie bei Minimalabstützung einen Ausladungswert von ca. 9,70 m bei einer möglichen Korbzuladung von 3 Personen. Die Ausladungswerte bei Drehleitern von Rosenbauer liegen in einem ähnlichen Rahmen, jedoch variieren diese Werte natürlich in Abhängigkeit der Anbauten an Rettungskorb und Leitersatz. Um den genauen Ausladungswert für die am Standort vorhandene Drehleiter zu erhalten, kann dieser leicht vermessen und zusammen mit den anderen wesentlichen Abstandswerten (z.B. nach der HAUS-Regel) in einer Einsatzkarte zusammengefasst werden.

Abbildung 59: Maximal mögliche Ausladung innerhalb des 3-Personen-Benutzungsfeldes (3-Personen-Rettungskorb) bei Minimalabstützung am Beispiel einer Magirus-Drehleiter DLAK 23/12 des Baujahres 2015 (M 32 L-AS). (Quelle: Werft)

Hinweis: Die Besatzungen der Drehleiter (Maschinisten, Fahrzeugführer, Besatzungsmitglieder, etc.) müssen die technischen Grenzen der am Standort vorhandenen Drehleiter kennen. Insbesondere die Leistungsgrenzen (maximal mögliche Korbzuladungen) der eigenen Drehleiter bei Minimalabstützung und seitlicher Ausladung des Leitersatzes sollte den Einsatzkräften bekannt sein.

Bei Anleitern über das Fahrerhaus bzw. über das Fahrzeugheck der Drehleiter innerhalb eines 15°-Winkels beidseits der Fahrzeuglängsachse erhöhen sich die möglichen Ausladungswerte zu beiden Seiten des Fahrzeugs nochmals.

Bei Vorwahl eines verringerten Benutzungsfeldes (z.B. 2-Personen-Benutzungsfeld bei einem 3-Personen-Rettungskorb) ist schließlich eine weitere Vergrößerung der Ausladungswerte sowohl bei Drehung des Leitersatzes um 90° zur Fahrzeuglängsachse als auch bei Ausfahren des Leitersatzes im Bereich über dem Fahrerhaus oder dem Fahrzeugheck möglich. Oftmals reicht dieser Zuladungswert für eine Menschenrettung im nahen Umfeld der Drehleiter aus.

Wenn die Platzverhältnisse im Bereich der Aufstellfläche eine Abstützung mit maximaler Abstützbreite nicht zulassen, jedoch mehr als die Fahrzeugbreite als Abstützfläche zur Verfügung steht, sind die Abstützungen auf der belasteten Fahrzeugseite (zum Einsatzobjekt hin) soweit als möglich auszufahren. Jeder zusätzliche Zentimeter, den die Abstützungen weiter ausgefahren werden, hat eine Vergrößerung des verfügbaren Benutzungsfeldes bei maximal möglicher Korbzuladung zur Folge.

6.5.5 Einweisung der Drehleiter an der Einsatzstelle durch den Einheitsführer

Bei der Anfahrt der Drehleiter an die Einsatzstelle ist bei Erreichen des Einsatzobjektes auf einen ausreichenden Abstand zu den vorausfahrenden Fahrzeugen zu achten (*siehe Kap. 6.1*). Bei Erreichen des Einsatzobjektes mit der Drehleiter sollte das Fahrzeug mindestens eine Fahrzeuglänge vor der Einsatzstelle anhalten, um sich entsprechend der Erkundungsergebnisse alle möglichen Anfahrtsmöglichkeiten (z.B. Feuerwehrzufahrt über Seitenstraße, Tordurchfahrt, Aufstellung an Gebäudeecke, etc.) zu dem Einsatzobjekt offenzuhalten. Ist die Drehleiter erst einmal an der Einsatzstelle positioniert, lässt sich der Fahrzeugstandplatz nur noch unter großen Schwierigkeiten mit entsprechendem Zeitverlust ändern. Schließen nachrückende Einsatzfahrzeuge auf die Drehleiter auf, kann die Fahrzeugposition nicht mehr gewechselt werden.

Einsatztaktische Besonderheiten des Einsatzobjektes hinsichtlich der Anfahrt können ggf. vom die Drehleiter führenden Einheitsführer (Gruppenführer oder Fahrzeugführer), soweit vorhanden, entsprechenden Einsatzplänen entnommen werden.

Nach Stoppen der Drehleiter in ausreichendem Abstand vor dem Einsatzobjekt wird durch den verantwortlichen Einheitsführer zunächst eine Erkundung der Einsatzstelle durchgeführt bzw. Rücksprache mit dem Verbandsführer (z.B. Zugführer) gehalten.

Wenn aufgrund der Lageermittlung der Einsatz der Drehleiter erforderlich ist, muss diese nun durch den zuständigen Einheitsführer eingewiesen werden.

Bei der Einweisung des Fahrzeuges hat der Einheitsführer bzw. Einweiser eine Vielzahl von Störeinflüssen zu beachten, welche die Fahrzeugaufstellung und das Anleitern des Einsatzobjektes erschweren können, z.B.

- Hindernisse im Bereich der Abstützungen (Aufstellfläche) bzw. im Bewegungsbereich des Leitersatzes (Luftraum über und neben dem Fahrzeug)
- Zu geringe bzw. zu große Abstände zwischen Drehleiter und Einsatzobjekt oder zwischen den Einsatzfahrzeugen an der Einsatzstelle untereinander
- Mangelnde Tragfähigkeit des Untergrundes der Aufstellfläche bzw. Störelemente im Bereich der Aufstellfläche (z.B. Kanaldeckel, Gehwege, unbefestigte Flächen, etc.).

Abbildung 60:
Bei der Wahl der Aufstellfläche vor dem Einsatzobjekt ist eine Vielzahl von Störeinflüssen zu berücksichtigen. Hier beispielsweise Hindernisse im Drehbereich des Drehgestelles und im Bereich der Abstützungen sowie ein zu geringer Abstand zwischen Drehleiter und Einsatzobjekt. (Quelle: Werft)

Zur Erleichterung des Einweisungsvorganges und Erhöhung der Sicherheit des Drehleitereinsatzes an der Einsatzstelle unter Zeitdruck bzw. äußeren Störeinflüssen wurde von Drehleiter.info die HAUS-Regel[1] definiert (*siehe Kap. 5.6*).

6.5.6 Beispiel für die Einweisung einer Drehleiter bei der Aufstellung vor einem Wohngebäude in geschlossener Reihenbebauung innerorts

Für die Einweisung der Drehleiter in die korrekte Position vor dem Einsatzobjekt muss die einweisende Einsatzkraft zunächst Sichtkontakt mit dem Anleiterziel haben. Dabei muss der Einweiser die vorstehend aufgeführten Hindernisse im Umfeld des Einsatzobjektes beachten. Im Verlauf der Positionierung des Fahrzeuges wird sich die Drehkranzmitte ca. 2,00 m (oder 2 – 3 Schritte) vor diesem Standplatz des Einweisers befinden, also näher am Einsatzobjekt. Das Heranrücken an das Einsatzobjekt um diese 2,00 m wird dadurch ermöglicht, weil der Drehpunkt des Leiteransatzes auf der Lafette höher liegt als die Augenhöhe des Einweisers.

Wurde die Drehleiter an einem weiter entfernten Bereitstellungsplatz (z.B. an einer vorgelagerten Straßenkreuzung) gestoppt, kann zum leichteren erneuten Auffinden der Position der Drehkranzmitte eine Markierung an dieser Stelle gesetzt werden. Hierfür eignet sich beispielsweise eine LED-Warnleuchte, die an der ermittelten Position der Drehkranzmitte auf dem Boden abgelegt wird. Dadurch ist die ermittelte Fahrzeugposition auch bei Dunkelheit leichter auffindbar.

Hat der Fahrzeugeinweiser durch die Standplatzwahl den erforderlichen Sichtkontakt zum Anleiterziel hergestellt und die Position der Drehkranzmitte ermittelt, winkt er die in Bereitstellung stehende Drehleiter zu sich heran bzw. gibt dem Drehleitermaschinisten über Einsatzstellenfunk die hierfür erforderlichen Anweisungen.

1 „HAUS-Regel“, Ausgabe 7 vom 15.03.2015, Jan Ole Unger, Nils Beneke

Bei der Anfahrt der Drehleiter weist er den Maschinisten per Handzeichen[1] in die erforderliche Position des Fahrzeuges auf der Straße/Aufstellfläche unter Berücksichtigung der vorhandenen Hindernisse am Straßenrand ein. Er lässt die Drehleiter dabei in Abhängigkeit der Platzverhältnisse entweder

- mit kleinem Abstand zum Fahrbahnrand (Minimalabstützung auf belasteter Fahrzeugseite),
- mittig in der Straße/Aufstellfläche oder
- mit großem Abstand zum Fahrbandrand (maximale Abstützbreite auf belasteter Fahrzeugseite)

vor das Einsatzobjekt vorfahren. Dabei ist die Ausrichtung der Längsachse der Drehleiter auf der Straßenfläche abhängig von den in der Straße vorherrschenden Platzbedingungen. In diesem Zusammenhang muss auch der Überstand des Drehgestells auf der dem Einsatzobjekt abgewandten Fahrzeugseite beachtet werden. Soweit möglich, sollte die Drehleiter so auf der Straße positioniert werden, dass auf der dem Einsatzobjekt zugewandten Fahrzeugseite die Abstützungen auf ihre gesamte Länge ausgefahren werden können. Hierfür wird zwischen Drehkranzmitte (= Fahrzeugmitte bei Heranwinken von vorne) und dem nächstliegenden Hindernis zum Einsatzobjekt hin ein Mindestabstand von 2,60 m benötigt.

Ist die Drehleiter mit ihrer Fahrzeuglängsachse korrekt auf der Straßenfläche eingewiesen, tritt der Einweiser zwei Schritte zur Seite vom Einsatzobjekt weg, um die Drehleiter an sich vorbeifahren zu lassen. Dabei steht er dem Einsatzobjekt (Anleiterziel) zugewandt mit direktem Blickkontakt zum Anleiterziel und lässt das Fahrzeug zwischen sich und dem Einsatzobjekt vorbeirollen. Sobald das angepeilte Anleiterziel mit der Drehkranzmitte eine gerade Linie bildet, lässt er das Fahrzeug stoppen (z.B. durch Zuruf, mittels Handzeichen über den Rückspiegel oder über Einsatzstellenfunk).

Durch diese Art der Positionierung wird die kleinstmögliche Ausladung erzielt, um die größtmögliche Zuladung im Rettungskorb zu erreichen.

---

[1] Siehe hierzu auch DGUV Information 205-024 „Unterweisungshilfen für Einsatzkräfte mit Fahraufgaben“, Handsignale gemäß DGUV Vorschrift 71 „Fahrzeuge“

Abbildung 61:
Anleiterziel und Drehkranzmitte (Mitte des Drehgestells) liegen auf einer geraden Linie. Auf dieser gedachten Linie fährt anschließend der Leitersatz aus. Achtung auf Hindernisse im Bereich dieser Geraden, hier z.B. eine vorgelagerte Gebäudekante. Die Drehkranzmitte befindet sich ca. 2,00 m vor dem Standort des Einweisers, der die Drehleiter vor sich vorbeifahren lässt. (Quelle: Werft)

Abbildung 62:
Lage der Drehkranzmitte ca. 2,00 m vor dem Standplatz des Einweisers. Durch die hohe Lagerung des Leitersatzes auf der Lafette in etwa auf Kopfhöhe wird das Anleiterziel erreicht und Ausladung gespart. In diesem Fall erfolgt das Abfahren der Dachgauben mit dem Rettungskorb parallel zur Dachfläche. (Quelle: Werft)

Hinweis: Bei der Anpeilung des Anleiterzieles durch den Einweiser muss dieser Sichtkontakt zum Anleiterziel haben. Wird die Drehleiter anschließend zwischen Einsatzobjekt und Einweiser positioniert und bilden Drehkranzmitte und Anleiterziel eine gerade Linie, wird das Anleiterziel mit dem Rettungskorb bzw. der Leiterspitze erreicht.

Bei Anleitern eines Gebäudes über die Gebäudeecke müssen zwei Abstandswerte in Übereinstimmung gebracht werden, um die Position der Drehkranzmitte ermitteln zu können (*siehe auch Kap. 5.6*):

- Mindestabstand für minimale Rettungshöhe (9,00 m zwischen Gebäudekante und Drehkranzmitte) **oder**
- Abstand für die maximale Rettungshöhe (7,00 m zwischen Gebäudekante und Drehkranzmitte) **und**
- Seitlicher Mindestabstand zwischen Gebäudekante der wegfliehenden Gebäudekante und dem Leitersatz (1,00 m zwischen Gebäudekante und Drehkranzmitte)

Wurden diese beiden Abstandswerte abgemessen und unter Berücksichtigung der örtlichen Platzverhältnisse die Position der Drehkranzmitte festgelegt, kann das Fahrzeug wie vorstehend beschrieben an das Einsatzobjekt herangeholt werden.

6.5.7 Rettungsmethoden

Für die Durchführung einer Menschenrettung im Rahmen eines Brandeinsatzes bestehen grundsätzlich zwei Möglichkeiten des Einsatzes des Hubrettungssatzes:

- Rettung mit dem Rettungskorb
- Rettung über Leiterbrücke.

Die Menschenrettung über eine Leiterbrücke stellt nur eine **theoretische** Rettungsmöglichkeit mit der Drehleiter dar, die aber aufgrund einer Reihe gravierender Nachteile unterbleiben sollte.

■ Rettung über Korb

Die sicherste und am häufigsten angewandte Rettungsmethode ist die Menschenrettung mit dem Rettungskorb, sie sollte generell zum Einsatz kommen. Dies gilt auch bei der Rettung von Personen(gruppen) an mehreren Rettungsöffnungen, welche nacheinander nach einer festzulegenden Reihenfolge zu retten sind.

Bei der Rettung über den Rettungskorb begibt sich eine Einsatzkraft (Fahrzeugführer der Drehleiter oder ein Truppmitglied der Drehleiterbesatzung) nach Abschluss des Abstützvorganges und erfolgtem Aufrichten des Rettungskorbes über die Zustiegsleiter an der Leiterauflage in den Rettungskorb. Bei Drehleitern mit Gelenkarm kann hierfür auch der Rettungskorb vor dem Fahrzeug abgesetzt werden, was insbesondere in engen Straßen mit begrenzten Platzverhältnissen einen großen Vorteil bietet.

Nach erfolgtem Druckumbau auf den Hubrettungssatz fährt diese Einsatzkraft die entsprechende Rettungsöffnung mittels Korbsteuerung an und nimmt die betroffenen Personen auf. Je nach Einsatzsituation und vorliegender Gefahrenlage an der Einsatzstelle muss die Einsatzkraft im Rettungskorb dabei ein Atemschutzgerät anlegen (Isoliergerät oder Filtergerät), z.B. wenn eine oder mehrere Personen von Rettungsöffnungen zu retten sind, welche durch Brandrauch stark beaufschlagt sind.

Für die Übernahme der zu rettenden Personen in den Rettungskorb bestehen grundsätzlich unterschiedliche Möglichkeiten:

- Einstieg durch eine der beiden Einstiege an den Korbecken (mit oder ohne Zustiegsleiter, je nach Drehleitermodell)
- Einstieg durch die abgeklappte Zustiegsleiter an der Korbfront (nur bei Metz/Rosenbauer-Drehleitern möglich)
- Einspringen der Person in den Rettungskorb über die Korbumrandung (Korbfront, Korbseitenwände).

Soweit möglich, sollten Personen immer über die vorhandenen Korbeinstiege an der Korbfront bzw. an den Korbecken in den Rettungskorb aufgenommen werden, da dies die sicherste Vorgehensweise ist. Beim Einspringen in den Rettungskorb besteht immer eine größere Absturzgefahr für die zu rettende Person.

Gleiches gilt für die Übernahme der zu rettenden Person durch einen der Zustiege in der Korbfront. Hierbei muss sich die Einsatzkraft, wenn nötig, selbst im Rettungskorb gegen Absturz sichern (z.B. mit Feuerwehr-Haltegurt, Selbstsicherungsschlinge eines IRS).

Der Drehleitermaschinist überwacht den Rettungsvorgang vom Hauptbedienstand aus und greift bei Gefahr ggf. in die Steuerung ein.

Die Rücknahme des Leitersatzes mit den geretteten Personen im Korb geschieht sinnvollerweise durch den Drehleitermaschinisten. Die Einsatzkraft im Rettungskorb kann sich dann bis zum Erreichen des Erdbodens auf die Betreuung der geretteten Person(en) konzentrieren.

Bei der Rettung mehrerer Personen und/oder Personengruppen im Rahmen eines Brandeinsatzes müssen diese nach einer vom Einheitsführer festzulegenden Reihenfolge gerettet werden. Die Reihenfolge der Rettung richtet sich nach der Gefährdungslage der betroffenen Personen. Diese Bewertung muss der Fahrzeugführer der Drehleiter bzw. die Einsatzkraft im Rettungskorb nach eigener Einschätzung vornehmen, was je nach Einsatzlage sehr schwierig sein kann. Eine Hilfestellung für diese Priorisierung nach vorliegender Gefährdungslage soll folgende Reihenfolge geben[1]:

Reihenfolge der Rettung gefährdeter Personen nach Gefährdungslage:

Priorität 1: Personen in der betroffenen Brandwohnung oder Personen, die durch eine Brand- und Rauchausbreitung unmittelbar gefährdet sind

Priorität 2: Personen in den der Brandwohnung angrenzenden Wohneinheiten (insbesondere in den darüberliegenden Wohneinheiten), die durch Feuer und Brandrauch gefährdet sind

[1] Siehe hierzu *auch Einsatz- und Abschnittsleitung*, Graeger, Cimolino, De Vries, Haisch, Südmersen, ecomed Sicherheit, Reihe Einsatzpraxis, 2003.

Priorität 3: Alle anderen Personen, die an Fenstern/Balkonen auf sich aufmerksam machen.

Unabhängig von den vorstehend aufgeführten Kriterien ist die Rettung von absturzgefährdeten Personen (z.B. an Balkongeländern oder Fenstersimsen hängenden Menschen) möglichst vorrangig durchzuführen.

Bei der Rettung von Personen mit Hilfe des Rettungskorbes ist zu beachten, dass die entsprechende Rettungsöffnung **nicht von unten** angefahren wird. Hierbei besteht die Gefahr, dass die zu rettende Person in den Korb springt und dadurch sich selbst und die im Rettungskorb befindliche Einsatzkraft gefährdet bzw. verletzt.

Darüber hinaus besteht die Gefahr der Überlastung des Leitersatzes, wenn an der jeweiligen Benutzungsgrenze mehr Personen als zulässig in den Rettungskorb aufgenommen werden müssen oder in einem solchen Fall Personen in den Rettungskorb einspringen. Eine Gefährdung der Standsicherheit der Drehleiter könnte die Folge sein.

Aus diesen Gründen sollte die Rettungsöffnung auf gleicher Höhe von der Seite her angefahren werden. Dadurch wird die Gefahr des Hineinspringens von Personen in den Rettungskorb und damit eine Gefährdung der Einsatzkraft im Korb und der zu rettenden Personen selbst minimiert.

Ist ein seitliches Anfahren der Rettungsöffnung nicht möglich, ist diese von oben her anzufahren. Diese Vorgehensweise sollte der zu rettenden Person bzw. den zu rettenden Personen durch die im Rettungskorb befindliche Einsatzkraft mitgeteilt werden, um eine möglicherweise aufkommende Panik durch eine vermeintliche Ignorierung durch die Einsatzkräfte zu verhindern.

Eine weitere Möglichkeit stellt das Anfahren der Rettungsöffnung frontal von vorne mit verschlossenen Korbeinstiegen dar. Hierbei wird die Öffnung, aus der die Rettung erfolgen soll, durch die Korbfront verdeckt. Das Öffnen der Korbzustiege erfolgt erst unmittelbar vor Erreichen der Rettungsöffnung und der Übernahme der zu rettenden Person (ein ausreichender Abstand zum Gebäude für die Öffnung der Korbeinstiege muss dabei berücksichtigt werden).

Diese Variante des Anleiterns stellt hohe Anforderung an die Bedienungsfertigkeit der Einsatzkraft im Rettungskorb bzw. des Drehleitermaschinisten (wenn dieser die Rettungsöffnung anfährt). Sie erfordert eine zeitlich parallele Koordinierung der Leiterbewegungen Aufrichten/Neigen und Ausfahren/Einfahren, um den Rettungskorb tatsächlich auf einer geraden Linie auf die Gebäudeöffnung zufahren zu lassen.

Hinweis: Bei der Rettung von Personen mit dem Rettungskorb sind diese mit dem Rettungskorb möglichst auf gleicher Höhe von der Seite her anzufahren. Ist dies aus Platzgründen nicht möglich, sollte das Anfahren mit dem Korb von oben her erfolgen.

Bei der Rettung mehrerer Personen und/oder Personengruppen von einer Rettungsöffnung ist die Rettung mittels Rettungskorb aus Gründen der Sicherheit und Schnelligkeit der Rettung über die Leiterbrücke vorzuziehen. Eine Rettung über die sogenannte Leiterbrücke sollte aufgrund zahlreicher Risiken bei der Rettung unterbleiben.

Zusammenfassend kann festgestellt werden, dass die Rettung von Personen aus Lebensgefahr und unter Zeitdruck eine äußerst komplexe und fordernde Einsatzsituation für die Einsatzkräfte darstellen kann. Daher sollten sich die auf einer Drehleiter eingesetzten Einsatzkräfte im Vorfeld eines solchen möglichen Einsatzes gedanklich mit einer derartig komplexen Situation auseinandersetzen und entsprechende Übungen durchführen.

Sie sollten sich ebenfalls grundsätzliche Gedanken über die Priorisierung von gefährdeten Personen in unterschiedlichen Gefährdungssituationen machen, um bei einem möglichen Einsatz nicht von einer solchen Situation überrascht zu werden.

Hinweis: Einen wesentlichen Aspekt der Einsatztaktik im Drehleitereinsatz stellt die gedankliche Vorbereitung auf mögliche komplexe Einsatzszenarien mit mehrfacher Menschenrettung aus unterschiedlichen Rettungsöffnungen dar. Die Einsatzkräfte müssen im Sinne einer Einsatzvorbereitung Lösungsmechanismen für solche Situationen entwickeln.

6.6 Selbstkontrolle und Testfragen

(Lösungen siehe Seite 112)

1. Worauf ist bei der Fahrzeugaufstellung zu achten?

a) Fahrzeuglängsachse der DLAK möglichst parallel zum Gebäude
b) Einfahren der Drehleiter in Sackgassen als erstes Fahrzeug
c) Besetzung der Drehleiter generell mit drei Einsatzkräften
d) Abstand zwischen Drehleiter und nachfolgenden Fahrzeugen ca. 10 m

2. Welche Abstände zwischen Fahrzeug (Drehkranzmitte) und Gebäudekante sind bei der Fahrzeugaufstellung nach der „HAUS-Regel" zu beachten?

a) Ca. 7,00 m zum Erreichen der maximalen Rettungshöhe
b) Ca. 5,00 m zum Erreichen der unteren Geschosse
c) Ca. 7,00 m zum Erreichen der unteren Geschosse
d) Ca. 9,00 m zum Erreichen der minimalen Rettungshöhe

3. Welche Einsatzmöglichkeiten bestehen in beengten Straßen?

a) Anleitern über das Fahrerhaus
b) Anleitern ohne Rettungskorb am Leitersatz
c) Maximale Abstützbreite auf der belasteten Fahrzeugseite
d) Anleitern über das Fahrzeugheck

4. Wann kann die rückwärtige Anfahrt sinnvoll sein?

a) Bei zeitkritischen Einsätzen (Menschenrettung bei Brand)
b) Zum Erreichen mehrerer Gebäudefronten von einem Standplatz aus
c) Bei unklarer Einsatzlage zu Beginn des Einsatzes
d) Zur Ausnutzung der maximalen Heckausladung des Leitersatzes

5. Wem obliegt die Einweisung der Drehleiter an der Einsatzstelle?

a) Den ersteintreffenden Polizeieinsatzkräften
b) Den Einsatzkräften des Rettungsdienstes

c) Dem Notarzt
d) Dem Einheitsführer (Gruppen- oder Fahrzeugführer)

6. Welche Abstände sollten sich Maschinist und Einweiser einprägen?

a) Abstand zwischen Fahrzeug (Drehkranzmitte) und Gebäudekante bei um 90° zur Fahrzeuglängsachse gedrehtem Hubrettungssatz
b) Abstand zwischen Vorderachse und Hinterachse
c) Beidseitiger Platzbedarf bei maximaler Ausfahrlänge der Abstützungen
d) Abstand zwischen Fahrzeug (Drehkranzmitte) und Gebäudekante zum Erreichen der maximalen Rettungshöhe

7. Wie sollte die zu rettende Person mit dem Korb angefahren werden?

a) Von oben
b) Frontal von vorne
c) Von unten
d) Von der Seite

8. Wann sollte die Rettung über eine Leiterbrücke erfolgen?

a) Bei der Rettung von mehr als zwei Personen aus einer Rettungsöffnung
b) Die Rettung sollte generell über eine Leiterbrücke erfolgen
c) Wenn der Drehleitermaschinist für andere Aufgaben benötigt wird
d) Eine Rettung über eine Leiterbrücke sollte generell unterbleiben, da sie gegenüber der Rettung über den Rettungskorb erhebliche Nachteile mit sich bringt

7 Verwendete Abkürzungen

B	Schlauch- und Armaturengröße (Innendurchmesser 75 mm)
bar	Bar (Einheit für Druck)
bzw.	beziehungsweise
C	Schlauch- und Armaturengröße (Innendurchmesser 42 / 52 mm)
CM	Mehrzweckstrahlrohr
d.h.	das heißt
DIN …	Kennung für Deutsche Industrienorm
DIN EN	in das deutsche Normenwerk aufgenommene europäische Norm
DKM	Drehkranzmitte
ggf.	gegebenenfalls
L/min	Liter pro Minute (Einheit für Durchflussmenge)
m^2	Quadratmeter (Einheit für Fläche)
Pkw	Personenkraftwagen
usw.	und so weiter
V	Volt (Einheit für elektrische Spannung)
VDE	Verband Deutscher Elektrotechniker e. V.
W	Watt (Einheit für Leistung)
z.B.	zum Beispiel

8 Literatur- und Quellenverzeichnis

Amler, Reinhard und Kurt Hey. *Der Erdbaumaschinenführer.* Resch-Verlag GmbH, Gräfelfing, 2020.

„Beaufort-Skala". Wetter- und Klimalexikon, Deutscher Wetterdienst. https://www.dwd.de/DE/service/lexikon/Functions/glossar.html?lv2=100310&lv3=100390 [Stand: 05.10.21].

Bedienungsanleitungen der Drehleiterhersteller Fa. Magirus, Ulm und Fa. Rosenbauer, Karlsruhe.

Beneke, Nils und Jan Ole Unger. „HAUS-Regel", www.drehleiter.info, https://www.drehleiter.info/haus-regel [Stand: 05.10.21].

Bundesverband der Unfallkassen, Fockensteinstr. 1, 81539 München, www.unfallkassen.de.

Cimolino et. al. *Atemschutz-Notfallmanagement.* Einsatzpraxis, ecomed Verlag, Landsberg, 2010.

DGUV Information 205-010 „Sicherheit im Feuerwehrdienst", DGUV Information 205-010 (ehem. GUVI 8651), Deutsche Gesetzliche Unfallversicherung, 2011. https://publikationen.dguv.de/regelwerk/dguv-informationen/863/sicherheit-im-feuerwehrdienst [Stand: 05.10.21].

DIN 4124, Beuth Verlag GmbH, Berlin, 2012.

DIN 14854, Beuth Verlag GmbH, Berlin, 2017.

DIN EN 14043, Beuth Verlag GmbH, Berlin, 2014.

DIN EN 14044, Beuth Verlag GmbH, Berlin, 2014.

„Elektrische Gefahren an der Einsatzstelle", Vortrag für Einsatzkräfte. DGUV Information 203-052. Deutsche Gesetzliche Unfallversicherung, https://publikationen.dguv.de/regelwerk/dguv-informationen/876/elektrische-gefahren-an-der-einsatzstelle [Stand: 05.10.21].

Empfehlungen (2012-3) zur Ausführung der Flächen für die Feuerwehr, AGBF Bund, Arbeitskreis Vorbeugender Brand- und Gefahrenschutz, Sitzungsergebnis Okt. 2012, aktualisiert 17.04.2013.

Graeger et. al. *Einsatz- und Abschnittsleitung. Das Einsatz-Führungs-System.* Einsatzpraxis, ecomed Verlag, Landsberg, 2009.

Kemper, Hans. *Gefahren der Einsatzstelle – Elektrizität.* Fachwissen Feuerwehr, ecomed Verlag, Landsberg, 2015.

Muster-Richtlinien über Flächen für die Feuerwehr, Fassung Februar 2007 (zuletzt geändert durch Beschluss der Fachkommission Bauaufsicht vom Oktober 2009), Ausführung des § 5 MBO (Musterbauordnung).

Schriftverkehr mit Fa. MeierGuss Sales & Logistics GmbH & Co KG, 32369 Rahden.

„Sicherheit im Feuerwehrdienst", DGUV Information 205-010 (ehem. GUVI 8651), Deutsche Gesetzliche Unfallversicherung, 2011. https://publikationen.dguv.de/regelwerk/dguv-informationen/863/sicherheit-im-feuerwehrdienst [Stand: 05.10.21]

„Unterweisungshilfen für Einsatzkräfte mit Fahraufgaben", DGUV Information 205-024. Deutsche Gesetzliche Unfallversicherung, 2016. https://publikationen.dguv.de/regelwerk/dguv-informationen/2871/unterweisungshilfen-fuer-einsatzkraefte-mit-fahraufgaben?number=SW16871 [Stand: 05.10.21].

Lösungen

Lösungen zu Kapitel 2.3:
1. c); 2. b) und d)

Lösungen zu Kapitel 3.4:
1. b) bis d); 2. a), c) und d); 3. a) bis d)

Lösungen zu Kapitel 4.2:
1. b); 2. c); 3. a); 4. c);

Lösungen zu Kapitel 5.7:
1. a) bis d); 2. a); 3. a) bis d); 4. c); 5. a) bis d); 6. c)

Lösungen zu Kapitel 6.3:
1. a), b) und d); 2. a) und d); 3. a) und d); 4. b) und d); 5. d); 6. a), c) und d); 7. a) und d); 8. d)